変貌する日本の安全保障

半田滋
Shigeru Handa

弓立社

はじめに

新型コロナウイルスの感染が広がり、すべての物事はコロナとの関わりを抜きにして語れなくなっています。感染拡大を防ぐには行動を自粛して、人との接触を減らすことが肝心ですが、専門家が「感染第２波」と指摘したにもかかわらず、政府は具体的な対応策を取らず、むしろ「Ｇｏ　Ｔｏ」キャンペーンを推奨して経済を最優先させる姿勢を変えませんでした。

ブレーキとアクセルを同時に踏むよう求める政府に、わたしたちは戸惑うばかりです。

こんな理不尽は、実は防衛政策にも現れています。

新型コロナ対策に充てるための２０２０年度第２次補正予算が20年４月30日、国会で成立しました。期せずして韓国でも同じ日に新型コロナ対策費を含む補正予算が成立しています。

韓国の補正予算の特徴は、国防費を９０４７億ウォン（約７９５億円）削減して財源に充てたことです。削減するのはＦ35戦闘機の購入費などで、韓国国防部は「本年中に予定した支払いを来年に延ばすこととし、米政府と協議中だ」と発表しました。

国防費の削減をめぐり、韓国内では北朝鮮との間での朝鮮戦争が休戦状態にあることから「国防費を削るなんて正気か」などの批判がある一方で、「戦闘機より国民の生活が重要だ」との賛成意見もあり、結局、国防部は「国民の生活」を選んだのです。

翻って、日本はどうでしょうか。「アベノマスク」の配布や1人あたり10万円を給付する内容を盛り込み組み替えた25兆6900億円の補正予算の財源の大半は赤字国債を発行してのものです。補正予算の成立に野党も賛成しましたが、防衛費を削減して財源にするという議論はありませんでした。

日本は、韓国が削減したのと同じタイプのF35戦闘機の導入を進めていますが、防衛省で検討して導入したのは、最初の42機だけ。残り105機の導入は、当時の安倍晋三首相がトランプ米大統領に「バイ・アメリカン（アメリカ製品を買え）」と迫られて、閣議了解という異例の形で政治決着しています。

2020年度の防衛費に計上されたF35戦闘機は9機で1156億円。平均すれば1機119億円です。このうちの数機でも購入を先送りして財源にすれば、新型コロナ感染拡大を防ぐため、店舗に休業を要請しながら十分な補償金を支払えない財源不足の都道府県が助かったのではないでしょうか。

日本と韓国とでは国情が異なりますが、政治には困窮する国民を救済する義務があることに変わりはありません。5兆円をはるかに超え、過去最大となった防衛費を削減する案が日本で浮上しないのは本当に不思議です。

ただ、地元から配備反対の声が強かった地対空迎撃システム「イージス・アショア」[*1]について、政府は6月になって配備を断念しました。実際には代替策としてイージス・シス

＊1　米国が開発したミサイル防衛システムのうち、イージス艦の機能を地上に置いた地対空迎撃システムのこと。

テム搭載艦2隻の追加建造が決まりましたが、断念した理由は新型コロナ対策とは無関係で、迎撃ミサイルの改修に2200億円の追加費用と12年の歳月を要するので「コストと期間が見合わない」（河野太郎防衛相・当時）からだそうです。

イージス・アショアは弾道ミサイルを撃ち落とす防御的な兵器です。配備断念が決まったとたん、自民党から「敵基地攻撃能力を保有すべし」との提言があり、安倍首相は「しっかりと新しい方向性を打ち出し、速やかに実行していく」と述べ、前向きな姿勢を示しました。

敵基地攻撃能力をひと言で表せば、攻撃力のことです。日本は専守防衛の国是のもと、防衛に徹し、他国の攻撃はできないとしてきましたが、イージス・アショアの配備断念と引き換えに攻撃力を持つというのです。実際にはイージス・アショアを陸から海に出すことで、導入を進めているのですから、これを理不尽と言わずして何と言えばよいのでしょうか。

2020年12月には「防衛計画の大綱」[*2]「中期防衛力整備計画」[*3]が改定され、「敵基地攻撃能力の保有」が防衛政策に組み込まれる予定でしたが、菅義偉首相は検討を続けるとする一方で、敵基地攻撃に活用できる新型ミサイルの開発を閣議決定しました。

安倍政権は、安全保障関連法を制定することにより、歴代政権が「違憲」としてきた集団的自衛権行使を「合憲」と一変させました。日本が攻撃を受けていないにもかかわらず、米国が戦争に踏み切った場合、日本も参戦できることになったのです。また攻撃力の保有は、安全保障関連法に続く、「憲法改正なき、自衛隊の軍隊化」にほかなりません。

戦後75年目にして、日本の防衛政策は驚くべき方向に進みつつあるのですが、野党は静

＊2　日本における安全保障政策の基本的指針。

＊3　「防衛計画の大綱」に基づいて5年ごとの具体的な政策や装備調達量を定めた計画。

観。国会周辺で大規模なデモが起きているわけでもありません。みんなが催眠術にかかったかのように、安倍首相が進める「戦争ができる国」への変身をうっとりながめているのです。

「中国の脅威が高まっている」「北朝鮮がミサイルを撃つかもしれない」。だから、防衛費を積み上げて、米国から大量の兵器を買い込み、攻撃力を保有するのが当然だというのでしょうか。では、中国の軍事力強化や北朝鮮の核・ミサイル開発は日本攻撃を意図したものなのか、真相を探る必要があります。

そもそも国民は自衛隊をどうみているのでしょうか。2017年度に内閣府が行った「自衛隊・防衛問題に関する世論調査」では「自衛隊に期待する役割」のトップは「災害派遣」で79・2%に上り、自衛隊の本来任務の「国の安全の確保」の60・9%を大きく上回りました。

とはいえ、自衛隊は日本を防衛するための実力組織です。高い性能の兵器類を持ち、23万人の隊員が日々、訓練に励んでいます。海外においては、国連平和維持活動（PKO）や海賊対処に活用され、時には対米支援の道具として危険な任務に従事することもあります。

また米軍は沖縄のほか、首都圏の東京、神奈川に広大な基地を持ち、日本政府から巨額の財政支援を受けています。

わたしたちは自衛隊や在日米軍、そして周辺国のことを、あまり知らず、知らないが故に政治の決定に賛否を表明できないでいるのではないでしょうか。

本書は、2020年度春学期に法政大学のオンライン授業で行った政治学特殊講義「安全保障政策」を書き起こしにして自衛隊や在日米軍の実態を詳しく紹介し、中国や北朝鮮の軍事力についても解説しています。

座学では得ることができない現地取材などによる生の情報も詰め込まれています。政治と自衛隊の関わりは、双方を取材していなければ得られなかったきわどい内容が含まれ、軍事のシロウトのはずの政治家が武器購入を決めていることがよくわかると思います。

※文中の肩書は、いずれも当時のものです。

目次

第1回　憲法と自衛隊

［資料 1］日本国憲法下の自衛隊

［資料 1－1］戦力（= 軍隊）の不保持

［資料 1－2］攻撃的兵器の保有

［資料 1－3］核兵器の保有

［資料 1－4］自衛権行使の地理的範囲

［資料 1－5］集団的自衛権の行使

［資料 1－6］海外派兵と海外派遣

［資料 1－7］武力の行使と武器の使用

［資料 1－8］他国の武力行使との一体化

［資料 1－9］集団的自衛権の行使

［資料 1－10］武力の行使と武器の使用

［資料 1－11］他国の武力行使との一体化

1　第9条下の自衛隊とは

それでは第1回の授業を始めます。使用する資料は「資料1　日本国憲法[*1]下の自衛隊[*2]」です。

この授業は安全保障概論です。みなさんに学んでほしいのは安全保障政策全般についてです。安全保障とは、その国がいずれの国からも侵略されることなく、安全が保障されている状態を指します。安全を保障するのは、軍事力ばかりではありません。外交、文化、経済、人的交流などさまざまな要素が複合的に組み合わされて、初めて維持されます。それらを総合的に学習するのは、おそらく平和学というのだと思います。

ただ、この授業では、日本の安全保障政策のうち、主に防衛省・自衛隊、在日米軍[*3]の現状について、学習していきます。軍事は安全保障を支える柱のうち、最も重要な分野のひとつだからです。

「抑止力」という言葉を聞いたことはありますか。抑止力というのは、「その国を攻撃すれば、耐えがたいほどの反撃を受けることが確実だと思わせて、攻撃を踏みとどまらせる機能」と定義付けされています。つまり、軍事力そのものが抑止力であり、他国からの侵略をはねつける機能であるということができます。

とはいえ、軍事力は大きければ、大きいほどよいというものではありません。ある国が軍事力を強化すれば、周辺国は警戒して、同じように軍事力を強化して、軍拡競争に陥り、

＊1　日本国民の権利・自由を守るために、国がやってはいけないこと（またはやるべきこと）について国民が定めた最高法規。基本原理は「国民主権」「基本的人権の尊重」「平和主義」。

＊2　自衛隊法に基づき、日本の平和と独立を守り、国の安全を保つために設置された部隊および機関。所掌ごとに陸・海・空に分かれ、隊員総数は約23万人。

＊3　日米安全保障条約第6条および日米地位協定に基づき日本国内に駐留する。総数は約5万5000人。

かえって地域は不安定化することになります。これを「安全保障のジレンマ」といいます。ですから、軍事力は適切な規模であることが重要なのです。

わが国の軍事力は憲法上、大きな制約を受けています。憲法第9条は「戦争放棄」「軍隊の不保持」「交戦権の否認」を定めているからです。それでも自衛隊は存在し、スウェーデンのストックホルム国際平和研究所*4（SIPRI）によると、2019年は世界第9位の軍事費（日本では防衛費）となっています。憲法上の制約があるのに、高額の防衛費を計上しているのは、ちょっと不思議ですね。しかも日本には米軍基地もあるのですから、かなり大きな軍事力を持つ国のひとつということができます。

資料を見てください。「資料1　日本国憲法下の自衛隊」のタイトルがあります。ここに書かれていることは自衛隊についての政府の公式見解です。長年の国会論議を通じて確定した内容ですが、2012年に誕生した第2次安倍晋三政権は、いくつかの点について、閣議決定によって解釈を変更しました。まずは、これまでの政府見解について説明していきます。

【資料1】日本国憲法下の自衛隊

［資料1-1］戦力（＝軍隊）の不保持

- 憲法第9条は、我が国が主権国として持つ固有の自衛権まで否定するものではなく、いわゆる自衛権発動の3要件に該当する場合には、自衛のための必要最小限の実力を行使することが認められている。
- 憲法第9条第2項では「陸海空軍その他の戦力は、これを保持しない」とあるが、自

＊4　スウェーデン王国を本拠地とする国際平和研究機関。

衛隊は、我が国を防衛するための必要最小限度の実力組織であるから、憲法に違反しない。

ここで憲法第9条の条文を確認しておきます。

第9条　日本国民は、正義と秩序を基調とする国際平和を誠実に希求し、国権の発動たる戦争と、武力による威嚇又は武力の行使は、国際紛争を解決する手段としては、永久にこれを放棄する。（戦力の不保持）

2　前項の目的を達するため、陸海空軍その他の戦力は、これを保持しない。国の交戦権は、これを認めない。（軍隊の不保持）（交戦権の否認）

第9条とは何かよく読み込んだうえで、政府見解をあらためて読んでみてください。政府見解は自衛隊を「合憲」と断定しています。ただし、無条件ではありません。「**自衛権発動の3要件**」に該当する場合には、「必要最小限の実力を行使することが認められている」という言い方で武力行使を認めているのです。

「**自衛権発動の3要件**」とは以下の通りです。

①わが国に対する急迫不正の侵害があること
②この場合にこれを排除するためにほかの適当な手段がないこと
③必要最小限度の実力行使にとどまるべきこと

つまり、日本に対して、他国から武力による侵略行為（急迫不正の侵害）があり、これを止めさせるために外交など（適当な手段）では効果がなく、適切に応戦（必要最小限度の実力行使）することは日本国憲法上、許されるとしているのです。

政府は具体的に次のように説明しています。

「憲法前文で確認している『国民の平和的生存権』や憲法第13条が『生命、自由及び幸福追求に対する国民の権利』は国政の上で最大の尊重を必要とする旨定めている趣旨を踏まえて考えると、憲法第9条が、わが国が自国の平和と安全を維持し、その存立を全うするために必要な自衛の措置を採ることを禁じているとは到底解されません」

つまり、憲法前文や憲法第13条の定めがあるのだから、第9条があったとしても「必要な自衛の措置」を取ること、すなわち適切に応戦することは許されるとしているのです。そして適切に応戦する組織である自衛隊は「我が国を防衛するための必要最小限度の実力組織」なので合憲であると断定しています。

国民の中にはさまざまな見解があります。自衛隊は約23万人という少なくない数の隊員で構成され、近代的な兵器を数多く保有することから「必要最小限度の実力組織」とはいえないとの見解を持つ人もいます。一方で1954年に組織されて以降、4分の3世紀の

＊5　大陸間を飛翔できる弾道ミサイル。米国や旧ソ連間では、戦略兵器制限交渉（ＳＡＬＴ）に

長きにわたり、武力行使することもなく、災害時には献身的に活動する自衛隊は、すでに国民の公共財になっているとの見解もあります。

2　保有できない攻撃的兵器

［資料1－2］攻撃的兵器の保有

● 性能上専ら相手国の国土の壊滅的破壊のためにのみ用いられるいわゆる攻撃的兵器（大陸間弾道ミサイル[*5]、長距離戦略爆撃機[*6]、攻撃型空母など[*7]）を保有することは、自衛のための必要最小限の範囲を超えることとなるから、いかなる場合にも許されない。

「資料1－1　戦力（＝軍隊）の不保持」で説明した通り、自衛隊は他国から日本への侵略があって初めて応戦する組織です。したがって、他国の壊滅的破壊を目的とした攻撃的兵器を持つことは侵略行為に該当するので、「自衛のための必要最小限の範囲」を超えることになり、保有は絶対に許されないというのが政府見解です。

ここでは具体的に大陸間弾道ミサイル（ＩＣＢＭ）、長距離戦略爆撃機、攻撃型空母という3種類の兵器の名前を挙げています。

ここで、みなさんは「はて？」と疑問に思いませんか。二〇一九年、新聞やテレビで盛んに「護衛艦いずもの空母化」[*8]が報道されました。今は護衛艦という名称の日本防衛に活用する戦闘艦艇を、空母（航空母艦）に改造することが日本政府によって決まったからで

より、有効射程が「アメリカ合衆国本土の北東国境とソ連本土の北西国境を結ぶ最短距離である5500km以上」の弾道ミサイルと定義された。

＊6　敵国領土や占領地などの目標を破壊して敵国民の士気を低下させ、敵の戦争継続能力を削ぐことを目的とする重爆撃機。核兵器を搭載することがある。

＊7　敵国領土を攻撃する航空機を多数搭載し、海上での航空基地の役割を果たす軍艦。

＊8　対潜水艦戦のための軍艦。対潜哨戒ヘリコプターを数多く搭載するため、艦首から艦尾まで甲板が平らな全通甲板を持つのが特徴。

す。

空母というのは、多くの攻撃機を搭載して他国の近くまで進出し、発進させる攻撃機によって他国への攻撃を行う、まさに攻撃的兵器のことです。憲法違反になるとは思いませんか。

また、防衛省・自衛隊は他国の攻撃ができる長射程ミサイルを導入し始めています。この長射程のミサイルは、航空自衛隊が保有する戦闘機に積んで、日本海から発射すれば北朝鮮[*9]にまで届き、東シナ海から発射すれば中国[*10]まで届きます。こうした機能は長距離戦略爆撃機と同じです。あれ？　これまでの政府見解に違反するのでは、と思いませんか。

みなさんは、さすがにＩＣＢＭの保有はないだろう、と考えるかもしれません。核兵器であれば、日本が保有するのは困難ですが、通常弾頭を搭載したミサイルであれば、国民にそれほどの抵抗はないかもしれません。現に防衛省・自衛隊は「島しょ防衛用高速滑空弾」という名称の事実上の弾道ミサイルの開発を始めています。

こうして見てくると、日本政府が自ら「保有できない」と断定した３種類の兵器が保有へ向けて動き出していることがわかります。政府見解が変わったわけではありません。日本防衛の指針である「防衛計画の大綱」が２０１８年12月に閣議決定によって変更され、この大綱の中で、保有を容認する記述があるのです。憲法の条文は一言一句変わっていないのに、政策の変更によって、保有できる兵器が変更されるという現実があります。

［資料１－３］　核兵器[*11]の保有

●自衛のための必要最小限の範囲内にとどまるものである限り、核兵器を保有すること

＊9　朝鮮民主主義人民共和国。朝鮮半島北部を領域とする国家。冷戦下で誕生した分断国家のひとつで、朝鮮労働党による一党独裁体制。

＊10　中華人民共和国。東アジアに位置する社会主義共和制国家。国民は世界一人口が多い14億人以上。中国共産党が指導的地位にあり、事実上の一党独裁国家。

＊11　核分裂の連鎖反応や核融合反応で放出される膨大なエネルギーを利用して、破壊に用いる兵器。

は憲法の禁ずるところではない。

● ただし、我が国は、非核三原則[*12]により一切の核兵器を保有しないこととしており、また、原子力基本法による我が国の原子力活動は平和目的に厳しく限定され、さらに、核兵器不拡散条約（Treaty on the Non-Proliferation of Nuclear Weapons＝ＮＰＴ）[*13]上の非核兵器国として核兵器の製造や取得等を行わない義務を負っていることから、核兵器を保有し得ない。

この政府見解に驚いた人も多いことでしょう。日本国憲法は核兵器の保有は禁止していないというのが政府見解です。時折、自民党などの政治家が講演などで「核保有は合憲」と話し、新聞・テレビで取り上げられることがあります。「必要最小限の範囲内にとどまる」との前提で話せば、政府見解通りとなります。戦争で唯一の被爆国であるわが国は核兵器の保有を憲法で禁じていると考える人も少なくありませんが、実際は違うのです。

しかし、「ただし」の後を読んでください。「**非核三原則、原子力基本法、ＮＰＴ**」、つまり、「**国是、法律、条約」という3つの縛り**があり、実際には、**保有できないこと**になっています。

非核三原則とは「（核兵器を）作らず、持たず、持ち込ませず」の3項目で、国是でもあります。「持ち込ませず」とあるのは、在日米軍であっても核兵器を搭載したままで日本の領域（領土、領空、領海のこと）に入ってはならないという意味です。

＊12 「核は保有しない、核は製造もしない、核を持ち込まないという三原則」（1967年12月11日衆院予算委員会の佐藤栄作首相答弁）

＊13 1968年7月1日に署名され、70年3月5日に発効した核兵器の不拡散に関する条約。締約国は191カ国・地域（2020年1月現在）。非締約国はインド、パキスタン、イスラエル、南スーダン。

［資料1－4］自衛権行使の地理的範囲

●自衛権行使の地理的範囲は、必ずしも我が国の領土、領海、領空に限られない。

●誘導弾等[*14]による攻撃を防御するのに、他の手段がないと認められる限り、誘導弾等の基地をたたくことは、法理的には自衛の範囲に含まれ可能。

日本に対する武力を伴う侵略行為があり、これを排除するために自衛隊が応戦する場合、戦闘は必ずしも日本の領域で収まるとは限りません。領海（12海里＝約22キロメートル）や領空（領海の上空）を少しでも外れたら、自衛隊が反撃できないというのは非現実的なので、前記のような見解が示されています。

また「誘導弾等による攻撃を防御」するために外国の敵基地を攻撃するのは自衛の範囲に入り合憲、というのが政府見解です。しかし、これでは「資料1－2　攻撃的兵器の保有」で保有を禁止した3種類の兵器を持ってもよいことになり、矛盾します。そこで政府見解は矛盾がないよう、以下のような見解も示しています。

3　憲法下の敵基地攻撃

「わが国に対して急迫不正の侵害が行われ、その侵害の手段としてわが国土に対し、誘導弾などによる攻撃が行われた場合、座して自滅を待つべしというのが憲法の趣旨とするところだというふうには、どうしても考えられないと思うのです。そういう場

＊14　目標に向かって誘導を受けるか自律誘導によって目標に向かって飛翔する兵器。誘導ミサイルのこと。

合には、そのような攻撃を防ぐのに万やむを得ない必要最小限度の措置をとること、例えば、誘導弾などによる攻撃を防御するのに、他に手段がないと認められる限り、誘導弾などの基地をたたくことは、法理的には自衛の範囲に含まれ、可能であるというべきものと思います。」

（1956年2月29日衆院内閣委員会、鳩山一郎首相答弁・船田中防衛庁長官代読）

他国から日本への侵略行為があり、自衛隊が食いとめることができない場合、「座して自滅を待つべし」というのが憲法の趣旨であるはずはない。そうした事態であれば、例外的に外国にある敵基地を攻撃しても「自衛の範囲」に含まれるから合憲だ、というのです。これは1954年に自衛隊が誕生して2年目の政府見解です。国会では自衛隊をめぐって合憲論、違憲論が交わされていた時代です。かなり、踏み込んだ憲法解釈といえるでしょう。

この見解は「敵基地攻撃論[*15]」と言われ、例えば、北朝鮮が日本海や日本列島を飛び越えて弾道ミサイルを試射する度に自民党など保守系の国会議員が「自衛隊は『敵基地攻撃』に踏み切るべきだ」と主張することがあります。試射は日本を狙った攻撃ではないので、当然、自衛隊による敵基地攻撃は認められるはずはありませんが、政府は「試射だから『敵基地攻撃』はできない」とは言わず、「自衛隊にはその能力がない」と答弁し、正面から「敵基地攻撃」の是非についての論議を避けてきました。

しかし、空母の保有など敵基地攻撃が可能な兵器を持ちつつある現在、もはや「その能力がない」とは言えないはずです。北朝鮮のミサイル発射が日本に対する攻撃なのか、単

＊15　弾道ミサイルの発射基地など敵の基地を直接破壊できる能力のこと。

なる試射なのか、政府は見解を示したうえで、どのように対処すべきか答弁する必要が出てくるはずです。

安倍政権（当時）は2020年6月、地対空迎撃システム「イージス・アショア」[*16]の配備を断念しました。北朝鮮から飛来する弾道ミサイルを迎撃する目的で導入を閣議決定しましたが、イージス・アショアから発射する迎撃ミサイルの推進装置「ブースター」を安全に落下させることが困難とわかり、追加の費用や改修にかける年月を考え、米国[*17]から導入することをやめることにしたのです。（後にイージス・アショアを船に載せるイージス・システム搭載艦2隻の建造を閣議決定）

すると国防部会を中心に自民党の中から「いまこそ敵基地攻撃能力を保有すべきだ」との意見が高まり、政府に「敵基地攻撃能力の保有」を提言。政府による検討が初めて本格化しました。

【資料1－5】集団的自衛権の行使

● 集団的自衛権[*18]の行使は、自衛権発動の第1要件（我が国に対する急迫不正の侵害があること）を満たしておらず、自衛のための必要最小限度の範囲を超える。

集団的自衛権の行使とは、「自国は攻撃されていないにもかかわらず、密接な関係にある他国への攻撃を自国への攻撃とみなして、武力をもって阻止する権利」（政府見解）のことをいいます。

＊16　ミサイル防衛システムを構成するイージス艦のミサイル迎撃機能を地上に置いた装置。

＊17　アメリカ合衆国。北米大陸にある民主主義を標榜する国家。世界最高位の経済・軍事大国。各国に多大な影響を及ぼすリーダー的存在。

＊18　「自国と密接な関係にある外国に対する武力攻撃を、自国が直接攻撃されていないにもかかわらず、実力をもって阻止する権利」（1981年政府見解）

自衛権発動の第1要件は「自国への侵略」があって初めて成立するわけですから、どんなに密接な関係のある「他国」が攻撃されたとしても、日本は他国を守るための武力行使はできないことになります。この憲法解釈は長年にわたる国会論議の末、定着したものですが、2014年7月1日、安倍政権は閣議決定によって、この解釈を一方的に変更しました。

［資料1－6］海外派兵と海外派遣

●武力行使の目的をもって武装した部隊を他国の領土、領海、領空へ派遣するいわゆる海外派兵は、一般に自衛のための必要最小限度を超えるものであって、憲法上許されない。

●武力行使の目的を持たないで自衛隊の部隊を他国に派遣するいわゆる海外派遣（PKO、国際緊急援助活動、在外邦人等の輸送など）は、憲法上認められ得る。

前記の通り、日本政府は「**海外派兵**」と「**海外派遣**」を**区別**しています。海外派兵とは海外における武力行使を目的としての派遣のことであり、その場合、「自衛のための必要最小限度を超える」ので違憲となり、政府は「自衛隊による海外派兵」を認めてきませんでした。

一方、「自衛隊の海外派遣」は、武力行使を伴わない海外活動であり、その一例として国連平和維持活動（PKO）[*19]などが挙げられます。

＊19　世界各地における紛争の解決のために国連が行う活動。平和維持隊（各国部隊で編成）による停戦監視・兵力引き離しを目的とする停戦監視団（原則として非武装の軍人で構成）による停戦監視が伝統的。文民警察活動や選挙、復興・開発、組織・制度構築を含む行政的支援活動も行われることが多い。

［資料1－7］武力の行使と武器の使用

- 「武力の行使」は、「武器の使用」を含む実力の行使に係る概念であるが、「武器の使用」がすべて憲法第9条の禁ずる「武力の行使」に当たるとはいえない。
- ①自己等の生命または身体を防護するための武器使用、②武器等防護のための武器使用は憲法上認められている。これら以外の我が国領域外で行われる武器の使用は、その相手方が国または国に準ずる組織であった場合、憲法第9条の禁ずる「武力の行使」に当たるおそれがある。

これも「海外派兵」「海外派遣」の違いと同じような理屈です。「武力の行使」と「武器の使用」は異なる概念ではなく、「武器の使用」は「武力の行使」に係わる概念だとしています。どのような関係にあるのでしょうか。

政府は「『武力の行使』とは、我が国の物的・人的組織体による国際的な武力紛争の一環としての戦闘行為」であるのに対し、「『武器の使用』とは、火器、火薬類、刀剣類その他直接人を殺傷し、又は武力闘争の手段として物を破壊することを目的とする機械、器具、装置をその物の本来の用法に従って用いること」と定義付けています。

つまり「武力の行使」は、「国際的な武力紛争としての戦闘行為」であり、こちらは違憲だというのです。しかし、「武器の使用」は①正当防衛、緊急避難、②武器等防護、の場合には合憲としています。しかし、この①②以外の外国における武器使用は、その相手方が「国または国に準ずる組織」であった場合、「武力の行使」にあたるおそれがあり、違憲の可能性が高いとしています。

ここでいう「国」とは、その国の軍隊、つまり政府軍と考えられます。「国に準じる組織」とは元政府軍などが該当し、かつ①指揮命令系統がある、②一定の支配地域がある、の2点が必要条件、との政府見解となっています。

[資料1－8] 他国の武力行使との一体化

- 仮に自らは直接「武力の行使」をしていないとしても、

- 他の者が行う「武力の行使」への関与の密接性等から、

- 我が国も「武力の行使」をしているとの法的評価を受ける場合があり得る。

「他国の武力行使と一体化」した行為は、我が国による武力の行使と法的に評価される行為であり、自衛権発動の3要件を満たさない場合には、憲法上認められない。

これは読んだ通りですから、わかりやすいのではないでしょうか。

例えば、日本は戦争していなくても、米国のようにわが国と密接な関係にある他国が戦争しているとします。この米国を助けるために自衛隊が米国の交戦相手国に対して武力行使する場合は違憲となるというのです。

政府は「他国を助ける行為」を「他国の武力行使と一体化」と表現しています。自衛隊が米軍に戦争に不可欠な武器弾薬を提供したり、米兵のための食糧を提供したりすることも違憲になると考えられるということです。

4　憲法解釈を変えた安倍首相

さて、これまで日本政府の見解に基づいて、憲法で自衛隊をどのように規定しているかを見てきました。しかし、これまで説明した通り、安倍政権は過去の憲法解釈を変更し、自衛隊のあり方、活動の範囲を大幅に変えました。

具体的には２０１４年７月の閣議決定による憲法解釈の変更から始まり、この閣議決定の内容を法律に落とし込んだ安全保障関連法が15年９月に成立することによって、憲法解釈の変更を確定させました。安全保障関連法では別の時間で勉強していきますが、ここではどのような変更があったのか、その概略を説明します。

［資料１－９］　集団的自衛権の行使

●我が国と密接な関係にある他国に対する武力攻撃が発生し、これにより我が国の存立が脅かされ、国民の生命、自由及び幸福追求の権利が根底から覆される明白な危険がある場合において、これを排除し、我が国の存立を全うし、国民を守るために他に適当な手段がないときに、必要最小限度の実力を行使することは、従来の政府見解の基本的な論理にもとづく自衛のための措置として、憲法上許容される。（武力行使の３要件）

これまでは「自衛権行使の３要件」に合致すれば、自衛隊は日本防衛のために武力行使することが憲法上、許されるとされてきました。「自衛権行使の3要件」は安倍政権によって「武力行使の3要件」に呼び名も変更されました。

自衛権は自分で自分を守る権利ですが、武力行使は海外における戦争まで含まれる、より幅広い概念です。過去の政府見解とは馴染まない表現ですが、すでに「武力行使の3要件」と改定されています。

「武力行使の3要件」のうち、第2、第3要件は「自衛権行使の3要件」と一緒です。変更はありません。大きく変わったのは第1要件で、それが書きぶりに現れています。すなわち以下の通りです。

「我が国と密接な関係にある他国に対する武力攻撃が発生し、これにより我が国の存立が脅かされ、国民の生命、自由及び幸福追求の権利が根底から覆される明白な危険がある場合」

密接な関係にある他国、例えば米国としましょう。「米国に対する武力行使が発生すれば、日米安全保障条約により、自国の安全を米国に委ねている日本にとっては他人ごとではない。日本そのものの存立が脅かされ、日本国民の生命まで危うくなる、そのことが明白であれば、自衛隊も米軍とともに武器を取って米国の敵と戦うことができる」という意味です。この理屈は過去の政府見解とは大幅に異なりますね。

自衛権行使の3要件の第1要件をもう一度、見てみましょう。

①わが国に対する急迫不正の侵害があること

日本が攻撃されていないのですから、米国への攻撃が「わが国に対する急迫不正の侵害」とはとうてい、言うことはできません。そこで安倍政権は「武力行使の3要件」の第1要件で「米国が攻撃されるような戦争は日本を脅かす戦争でもある」と定義付け、自衛隊が海外で武力行使したとしても合憲の場合がある、と憲法解釈を変更したのです。

いかにも苦しい理屈ですね。その苦しさは、次に示す資料「新3要件の従前の憲法解釈との論理的整合性等について」（2015年6月9日、内閣官房、内閣法制局）を読んでみていただければわかると思います。

〈資料・新3要件の従前の憲法解釈との論理的整合性等について〉

「昭和47年（10月14日）の政府見解と基本的な論理を維持したものである。」

〈昭和47年見解〉

「憲法は、第9条において、同条にいわゆる戦争を放棄し、いわゆる戦力の保持を禁止しているが、前文において『全世界の国民が……平和のうちに生存する権利を有する』ことを確認し、また、第13条において『生命、自由及び幸福追求に対する国民の権利については、……国政の上で、最大の尊重を必要とする』旨を定めていることからも、わが国がみずからの存立を全うし国民が平和のうちに生存することまでも放棄していないことは明らかであって、自国の平和と安全を維持しその存立を全うするために必要な自衛の措置をとることを禁じているとはとうてい解されない。」

「しかしながら、だからといって、平和主義をその基本原則とする憲法が、右にいう自衛のための措置を無制限に認めているとは解されないのであって、それは、あくまで外国の武力攻撃によって国民の生命、自由及び幸福追求の権利が根底からくつがえされるという急迫、不正の事態に対処し、国民のこれらの権利を守るための止むを得ない措置としてはじめて容認されるものであるから、その措置は、右の事態を排除するためとられるべき必要最小限度の範囲にとどまるべきものである。**そうだとすれば、**わが憲法の下で武力行使を行うことが許されるのは、わが国に対する急迫、不正の侵害に対処する場合に限られるのであって、したがって、他国に加えられた武力攻撃を阻止することをその内容とするいわゆる集団的自衛権の行使は、憲法上許されないといわざるを得ない。」

この昭和47年見解をめぐり、安倍政権は「そうだとすれば、」というところで初めて、「わが国に対する急迫、不正の侵害に対処する場合に限られる」という文言が出てくる。つまり、「わが国に対する」ということが明示されるのは「そうだとすれば」という部分の結論の部分である。そうすると、前提としての「外国の武力攻撃」という部分は、必ずしもわが国に対するものに限定されていない。このように主張しています。

そして、1959（昭和34）年12月16日の砂川事件[*20]最高裁大法廷判決の「我が国が自国の平和と安全を維持し、その存立を全うするために必要な自衛のための措置をとりうることは国家固有の権能の行使として当然のことといわなければならない」という判事と「軌を一にするものである。」と主張していますが、政府は砂川派遣について、以下のように

＊20　1957年7月8日、東京都北多摩郡砂川町（現・立川市）にあった在日米軍立川飛行場の拡張をめぐり、基地拡張に反対するデモ隊の一部が基地の立ち入り禁止の境界柵を壊し、基地内に立ち入ったとしてデモ隊のうち7名が逮捕され、起訴された事件。東京地裁は59年3月、米軍が憲法第9条2項の禁じる戦力にあたり違憲と判断し、全員に無罪を言い渡した。検察が跳躍上告し、最高裁は「日米安保条約は違憲とは言えない」との結論を裁判官15人の全員一致で出した。

解説しています。

「判決で言っておりますのは、自衛のための措置をとること、それから自衛権があること、そのことだけを判断をしているわけです。そのほかのことについては触れておりません。（略）あの場合にはアメリカの駐兵の問題が問題だったわけでございますので、その点以外のことについて、判決はそれ以上にわたって判断を下しておりません。」

（１９６７年３月31日参議院予算委員会、高辻正巳内閣法制局長官）

こうした政府見解があるにもかかわらず、安倍政権は「自衛権行使の３要件」の第1要件と「武力行使の３要件」の第1要件について、「昭和47年（10月14日）の政府見解と基本的な論理を維持したものである」と強調しているのです。

もう一度、安倍政権の見解を読んで、同じ理屈なのか、異なるのか、自分なりに考えみてください。

5　「自衛隊の前に敵はいない」

［資料１－10］武力の行使と武器の使用

●受け入れ同意をしている紛争当事者以外の「国家に準ずる組織」が敵対するものとして登場することは基本的にない。

＊21　２０１１年７月、南スーダン独立後の平和と安全の定着などを任務とする国連南スーダン共和国ミッション（UNMISS）。自衛隊は２

※南スーダンPKO[*21]で、稲田朋美防衛相が現地部隊の日報に「戦闘」とありながら、「衝突」と言い換えた理由か

これも2014年7月1日の憲法解釈を変更した閣議決定の中にある一文です。ちょっと驚くべき内容です。

どういう意味かといえば、PKOに参加した自衛隊は必ず派遣先国から派遣同意を受けます。これは別の時間に学習しますが、「PKO参加5原則」のうちのひとつです。日本が自衛隊を勝手に送り込めば、侵略になるので、相手国の同意が必要というものです。

この閣議決定では、自衛隊派遣を同意している当事国政府がいるのだから、自衛隊に対して攻撃してくる「国に準じる組織」は当該国に存在しないといいますが、これでは憲法解釈の変更というよりも安倍政権の願望のような印象を受けます。

実際には自衛隊が初めて参加した1992年のカンボジアPKO[*22]の場合、自衛隊に敵対する存在としてポル・ポト派が存在していました。ポル・ポト派[*23]とは、国連にも加盟していた旧カンボジア政府そのものですから「国に準じる組織」と解釈できると思います。

現にこうした実例があるにもかかわらず、「国に準じる組織は自衛隊の前には現れない」と閣議決定したことにより、これまで憲法違反になるから「できない」としてきた「駆け付け警護」が可能になりました。

「駆け付け警護」とは、襲撃されている人を救出するために自衛隊が武器を持って駆け付け、武装集団と撃ち合ってでもその人を救出することです。

「困った人がいるのならば、助けるべきでは」と考える人がいるかもしれませんが、武装

012年1月から2017年5月まで首都ジュバに派遣され、道路補修などに従事した。

＊22　1992年、内戦状態にあったカンボジアで停戦・武装解除の監視、選挙の実施など行うための国連カンボジア暫定機構（UNTAC）による要請。自衛隊は初の自衛隊海外派遣法である国連平和維持活動（PKO）協力法に基づき、1992年9月から93年9月まで南部のタケオに派遣され、道路補修などに従事した。

＊23　ポル・ポトを最高指導者とし、1976年に政権を樹立。大量虐殺をともなう恐怖政治を行い、79年に政権を奪われたあとゲリラ戦を展開した。

集団が「国に準じる組織」であった場合、国の組織である自衛隊との撃ち合いは「海外における武力行使」となり、憲法違反となってしまいます。だから日本政府はＰＫＯの最初のころから自衛隊の役割は道路や橋を直すといった後方支援活動に限定してきました。「駆け付け警護」を行うような平和維持軍（peacekeeping force＝ＰＫＦ）[*24]への参加は凍結させてきたのです（２００１年12月凍結解除したが、その後も「駆け付け警護」は禁止された）。

安全保障関連法案を制定した１９９５年の通常国会でも争点になりましたが、結局、法案は強行採決され、現在では施行されています。

6　武力行使との一体化

［資料１－11］他国の武力行使との一体化

●他国が「現に戦闘行為を行っている現場」ではない場所で実施する補給、輸送などの我が国の支援活動については、当該他国の「武力行使と一体化」するものではない。

※米国の戦争への後方支援が可能

これも２０１４年７月に閣議決定された憲法解釈の変更のうちの一部です。これまでは「武力行使との一体化」を避けるため、外国の戦争で、自衛隊が「戦闘地域」で他国の後方支援をすることはできませんでした。

後方支援とは、軍隊用語では兵站《へいたん》といいます。戦争を開始したり、続行したりするのに

＊24　国連によるＰＫＯのうち、軍事要員が主力を構成し、紛争拡大の防止・監視、停戦の監視、治安維持などにあたる部隊のこと。

必要なさまざまな物資（例えば、武器、弾薬、燃料、食糧など）を提供したり、補給したりする役割を指します。

そもそも、どのような状況になれば、「武力行使の一体化」と認定されるのでしょうか。「ミスター法制局長官」と呼ばれた大森政輔内閣法制局長官（1997年当時）が示した「4条件」が現在も有効とされています。

「①戦闘活動が行われている、または行われようとしている地点と当該行動がなされる場所との地理的関係、②当該行動等の具体的内容、③他国の武力の行使の任に当たる者との関係の密接性、④協力しようとする相手の活動の現況等、これらの諸般の事情を総合的に勘案して、個々的に判断さるべきものである」

（1997年2月13日衆院予算委員会、○数字は筆者）

「戦闘地域」での後方支援は、この4原則に触れるおそれがあるため、閣議決定は「現に戦闘行為が行われている現場」以外であれば、後方支援ができると新解釈を示したのです。しかし、戦場の状況は刻々と変化します。さきほどまで戦闘が行われていなかった地域でたちまち戦闘が始まることも現実にはあるのです。

したがって、「現に戦闘は行われていない」と判断して自衛隊が後方支援を始めたとしても、戦闘が始まれば、自衛隊はこの戦闘に巻き込まれてしまうおそれが出てきました。

とはいえ、憲法解釈の変更を取り込んだ安全保障関連法はすでに2016年3月から施行されているので、現在の自衛隊は「現に戦闘行為が行われている現場」以外では他国の後方支援ができることになります。

例えば、以前は「武力行使の一体化」になるとして禁止されていた「発進準備中の他国の航空機への燃料補給」も現在は実施可能です。すると、空母化される「いずも」に搭載された米軍機が自衛隊から燃料補給を受け、攻撃のために発進するという場面も現実のものとなる可能性があります。

第2回　日米安全保障体制

［資料 2］日米安全保障体制

［資料 2－1］日米安全保障条約（1960 年 1 月 19 日ワシントンで署名）

［資料 2－2］旧安保条約（1952 年 4 月 28 日発効、同日講話条約が発効）

［資料 2－3］村田良平回想録

［資料 2－4］ダレスの告白「永続的に従属させる」

［資料 2－5］日米地位協定（日本における米軍の取り扱いを取り決めた協定。1952 年 2 月 28 日署名の日米行政協定を改定）

1　日米安保条約の双務性

　みなさん、第1回目の授業はしっかり理解できましたか。第2回目の授業にあたる今回は、「資料2　日米安全保障体制」について、勉強していきます。

　世界には190を超える国があり、南米のコスタリカなど一部を除けば、ほとんどの国は軍隊を保有しています。日本の場合は、前回の授業で学習した通り、自衛隊があります。自衛隊や軍隊は、自国の領域を他国の侵略から守るための軍事力です。軍事力は抑止力として機能していると考えられます。

　それぞれの国に軍隊があり、その国を守っているのですから、基本的には他国の軍隊がその国に駐留する必要はありません。万一、自国が侵略されそうな場合、密接な関係にある同盟国からの軍事支援を受ければよいだけの話です。

　しかし、日本には在日米軍がいて、あちこちに基地を置いています。

　日本全体の面積の0・6%しかない小さな県にもかかわらず、在日米軍専用施設の7割が集中する沖縄県[*1]。原子力空母を含む米海軍第7艦隊[*2]の事実上の母港、横須賀基地[*3]を抱える神奈川県。在日米軍司令部が置かれた横田基地[*4]のある首都・東京都。米空軍の特殊な戦闘機部隊や傍聴装置「エシュロン」が配備された三沢基地[*5]のある青森県などです。

　今回の授業では、なぜ日本に米軍がいるのか、その法的根拠は何かについて説明してい

＊1　九州地方（九州・沖縄地方）に位置する県。日本で最も西にあり、沖縄本島、宮古島、石垣島など多くの島々から構成される。1945年の敗戦後、全島を支配下に置いた米軍は、強権的に土地を接収し、米兵による強盗、強姦や殺人などの事件が相次いだ。1972年、日本に復帰した。

＊2　ハワイのホノルルに司令部を置く太平洋艦隊の指揮下にある米海軍の艦隊。任務海域は西太平洋・インド洋（中東地域を除く）。旗艦・司令部は揚陸指揮艦「ブルー・リッジ」。原子力空母「ロナルド・レーガン」が所属する。

＊3　神奈川県横須賀市にある米海軍基地。米海

きます。

【資料2】日米安全保障体制

［資料2－1］日米安全保障条約（1960年1月19日ワシントンで署名）

第5条　各締約国は、日本国の施政の下にある領域における、いずれか一方に対する武力攻撃が、自国の平和及び安全を危うくするものであることを認め、自国の憲法上の規定及び手続に従って共通の危険に対処するように行動することを宣言する。（後略）＝米国による日本防衛義務

第6条　日本国の安全に寄与し、並びに極東における国際の平和及び安全の維持に寄与するため、アメリカ合衆国は、その陸軍、空軍及び海軍が日本国において施設及び区域を使用することを許される。（後略）＝日本による基地提供義務

日米安全保障条約という条約があることは、みなさん知っていますね。略して日米安保条約、安保条約などと呼ばれています。

米軍というアメリカ政府の軍隊が日本に駐留できる根拠がこの日米安全保障条約第6条ということになります。この条文は「日本による基地提供義務」といわれています。第6条を簡単に説明すれば、「日本や極東の平和や安全を維持するため、米国は日本に米軍の基地を置くことができる」という意味です。

「陸海空軍とあるのに、なぜ海兵隊[*6]がないの？」と疑問に思った人がいるかもしれません。米国の海兵隊は予算上、海軍の中に含まれているので、この条約では「海兵隊を含む海軍」

軍第7艦隊の事実上の母港。

＊4　東京都にある米空軍基地。在日米軍司令部と第5空軍司令部があり、第5空軍司令官が在日米軍司令官を兼務する。

＊5　青森県三沢市にある米軍基地。航空自衛隊が共同使用しており、日米の戦闘機部隊が置かれている。

＊6　必要に応じ水陸両用作戦（上陸戦）をはじめとする軍事作戦を遂行する軍種。米軍の陸海空海兵隊の4軍種中、最も小さい組織。米本土の防衛が任務に含まれない外征軍であることから「殴り込み部隊」とも呼ばれる。日本では沖縄県に駐留する。

としているのだと考えられます。

それにしても、どうして米国の軍隊が日本にいることが許されるのか、と疑問が浮かびますね。その回答は第5条にあるのです。この条文は「米国による日本防衛義務」と呼ばれています。読んでみてください。

長々と書かれていますが、ひと言でいえば「米国は日本を守る」という意味です。第5条に続くのが第6条ですから、「米国は日本を守る（第5条）。その交換条件として米国は日本に基地を置くことができる（第6条）」とつながります。

日本政府は「安保条約は第5条と第6条があることによって対等な条約となっている」と説明してきました。

「条約に『日本が米国を守る』と書けば、第6条はいらないのでは？」と考えた人はいませんか。その通りですね。米国は多くの国々と軍事条約を結んでいて、互いに防衛し合うという相互防衛条約としている国もあります。例えば、お隣の韓国や欧州のドイツ、イタリアがそうです。それでも韓国、ドイツ、イタリアともそれぞれの国に米軍基地があります。これは各国が必要と考えて、米軍の駐留を求めた結果といえます。

しかし、日本の場合、前回の授業で勉強した通り、憲法の制約があり、自衛隊は海外で武力行使することはできません。仮に米国が他国の侵略を受けて、日本に自衛隊の出動を求めたとしても海外における武力行使に該当するので、違憲となります。違憲であることが明白な条約は結ぶことができません。

しかし、第5条には「米国は日本を守る」とあるのですから、何か、交換条件を付けないと米国に一方的に不利になります。そこで第6条で「米国は日本に米軍の基地を置くことができる」という条項を入れて、対等な条約としているのです。

締結されたのは1960年1月19日です。この締結により、以前にあった旧安保条約は改定されることになりました。旧安保条約は、とても対等な条約とはいえない内容でした。

［資料2－2］旧安保条約（1952年4月28日発効、同日講話条約が発効）

講話条約の発効後も米軍が引き続き日本に駐留し続けることが骨子。条約の期限はなく、防衛義務は明言されていない。米軍による内乱対応も認めている。

※「望む数の兵力を望む場所に望む期間だけ駐留させる権利を確保」（1951年1月26日、ジョン・フォスター・ダレス国務省顧問）といわれるように占領状態にお墨付きを与える一方的な内容となっている。吉田茂首相は同行した池田隼人蔵相に「君の経歴に傷がつくといけない」と出席させず、調印式は一人で臨んだ。

旧安保条約を結んだのは1951年9月8日。サンフランシスコ講和条約の締結と同じ日です。日本はサンフランシスコ講和条約により、太平洋戦争[*7]の敗戦後、独立国家に戻ると同時に国際社会に復帰することになったのです。

当然ながら、米軍を中心とする占領軍は撤収するはずですが、日米で旧安保条約を結ぶことにより、引き続き、米軍が日本に基地を置き続けることになりました。

＊7　日本やドイツなどの枢軸国と米国、英国などの連合国が戦った第二次世界大戦のひとつで、日本と米国が戦った太平洋における局面を連合国側から見た呼称。日本側の呼称は大東亜戦争。

2　本質を見抜いたミスター外務省

その理由の説明が必要ですね。当時、米国とソ連[*8]が世界を二分してにらみ合う東西冷戦が始まっていました。日本は西側に組み込まれ、日本の独立と平和を守るためには米国の協力を得ることが不可欠と認識されていたのです。そのためには米国が望む米軍の駐留を前提とする必要があり、旧安保条約を締結して米軍駐留の根拠としたのです。

しかし、その内容は、米国による日本防衛義務が不明確である一方で、「内乱条項」といって、日本の内乱に米軍が出動できるとする規定が含まれていました。これでは、せっかくサンフランシスコ講和条約で独立国に戻ったのに実質的には被占領国のままです。

そこで、１９６０年1月の条約改定により、現行の日米安保条約に移行したのですが、米軍が好きなところに基地を置き、治外法権の状態で好き勝手するという実態は、旧安保条約の当時と変わりないとの批判があります。

その代表的な意見は、次に紹介する『村田良平回想録』（ミネルヴァ書房、２００８年）に出てきます。

［資料２－３］村田良平回想録
〈現行安保条約について有識者の見解〉
村田良平：外務事務次官、駐米大使を務め、「ミスター外務省」と呼ばれた。退官後の

＊８　ソビエト社会主義共和国連邦。１９２２年から１９９１年までユーラシア大陸に存在したマルクス・レーニン主義を掲げたソビエト連邦共産党による一党制の社会主義国家。

2009年日米核密約を暴露した。2010年死去。

「1952年4月発効のいわゆる旧安保条約は、日本を占領している米軍が、敗戦とともに占領目的で抑えていた日本国内の諸基地のうちこれはというものを、そのまま保持することを合法化する目的でのみ締結されたものであるといえる。1960年の現行安保条約は、いくら何でも旧安保の内容はひどすぎるとして改訂を求めた日本側の当然の要求にもとづいた交渉で、米国が最低限の歩み寄りを行った結果である。

この条約もその本質において、米国が日本国の一定の土地と施設を占領時代同様、無期限に貸与され、自由に使用できることを骨格としていることは何人も否定できないところである。これらの基地の主目的は、もとより日本の防衛にあったのではなかった。

日米安保条約は、国際情勢は著しく変わったのに、一度も改正されず、締結時からすでに48年も経っている。一体いつまでこの形を続けるのか。(中略)

思いやり予算の問題の根源は、日本政府の『安保上米国に依存している』との一方的な思い込みにより、その後無方針にずるずると増額してきたことにある。米国は日本の国土を利用させてもらっており、いわばその片手間に日本の防衛も手伝うというのが安保条約の真の姿である以上、日本が世界最高額の米軍経費[*9]を持たねばならない義務など本来ない。もはや『米国が守ってやる』といった米側の発想は日本は受けるべきではないのだ。(中略)」

なぜに沖縄をも含む日本における米軍の基地についても、もっと日本の本当の要求を出さないのか。首都圏の空域管制を米軍の横田基地が過去60年以上続けて来たという国辱的

＊9　在日米軍駐留経費のうち、日本政府が負担する経費。2004年に米国防総省が発表した米軍駐留各国の経費負担割合によると、日本は74・5%で最多。韓国は40%、ドイツは32・6%だった。2020年度、日本政府が負担する在日米軍駐留経費は5910億円。

異常事態が、なぜ放置され、どの内閣も最近までこれを問題視しなかったのか。（中略）
現在起こりつつある（米軍再編の）変化は、日本国民に覚悟を要求する変化であるのに、現状のままずるずる物事が進めば、日本は人（自衛隊）と財（資金）的貢献の双方で米国の要求への従属性が一層高まるだけとなるだろう。自尊心を保つためには、米国との『良識を超えた特殊関係』ではない日本の方がよいと考えるべきではないのか。その溝があまりに大きければ、日米安保条約廃棄のリスクを取るほかない」

わかりやすい文章なので、読んでみれば意味が取れると思います。それにしても「ミスター外務省」といわれる人が旧安保条約から替わった現行安保条約について「この条約もその本質において、米国が日本国の一定の土地と施設を占領時代同様、無期限に貸与され、自由に使用できることを骨格としていることは何人も否定できないところである」と論評していることには驚くほかありません。

村田氏は、旧安保条約を改定した現安保条約の本質は、米国が日本を自由に使用できるようにすることにあると断言しています。そうなると第6条は、日本が米国に隷従するための規定のように見えてきます。

とはいえ、安保条約第5条で「米国の日本防衛義務」を規定しており、米国駐留による見返りとなっているはずですが、この点についても村田氏は、「米国は日本の国土を利用させてもらっており、いわばその片手間に日本の防衛も手伝うというのが安保条約の真の姿である」と、厳しく論評しています。米国は基地の提供を受けているついでに「日本の防衛も手伝う」というのが「安保条約の真の姿である」と言い切っているのが衝撃的です。

村田氏は前出の通り、「ミスター外務省」と呼ばれていました。条約を締結したり、改定したりする役所は外務省ですから、日米安全保障条約の締結のいきさつやその中身を最もよく知る人物のひとりです。そんな人物が日米安保条約は、米国による日本占領にお墨付きを与える条約であると喝破しているのです。

もちろん、日本政府は公式には、そのようには考えていません。防衛省発行の「令和2（2020）年版　防衛白書」で日米安保条約の意義について、以下のように説明しています。

「この米国の日本防衛義務により、仮にどこかの国がわが国に対して武力攻撃を企図したとしても、自衛隊のみならず、米国の有する強大な軍事力とも直接対決する事態を覚悟しなければならなくなる。この結果、相手国は侵略を行えば耐えがたい損害を被ることを明白に認識し、わが国に対する侵略を思いとどまることになる。すなわち、侵略は抑止されることになる」

つまり、安保条約第5条によって、日本への侵略を抑止されるとし、条約の有効性、実効性を強調しています。そして第6条については、

「わが国に駐留する米軍のプレゼンスは、地域における様々な安全保障上の課題や不安定要因に起因する不測の事態の発生に対する抑止力として機能し、わが国や米国の利益を守るのみならず、地域の諸国に大きな安心をもたらすことで、いわば『公共財』

としての役割を果たしている」

と説明し、日本ばかりではなく、地域（あいまいな表現ですね）にも「大きな安心」をもたらす「公共財」であると、これ以上はないほどの表現で米軍駐留の重要性を強調しています。

ただ、ここで理解しておかなければならないのは、「抑止力とは、ほとんど実証不能の機能である」ということです。以下、解説をします。

防衛白書の説明通り、「日本を侵略しようとする国は自衛隊と在日米軍を恐れて、侵略を踏みとどまっている」としましょう。この説明は日本への侵略を計画している国に対して聴き取り調査を行って「その通りです」との回答を得るまで、証明することはできません。しかし、実際には日本侵略を計画する国を特定し、聴き取りをすることなど不可能ですから、いつになっても「抑止力の効果」は実証不能とならざるを得ないのです。

そうだとすれば、「抑止力」とは、言った者勝ちの世界ではないでしょうか。もちろん、中国、北朝鮮といった国が日本の周辺にあり、軍事力を強化したり、弾道ミサイルの試射を繰り返したりしているのは、みなさんもご存じの通りです。

では、中国、北朝鮮は日本侵略を計画しているのでしょうか。外交の常識からいって、中国にそんな質問などできないし、関係悪化を覚悟して聞いたとしても、おそらく「その通りです」なんて回答は返ってこないことでしょう。

外交とは、国家の利益をかけて、全力で相手と向き合い、自国に有利な結論に導きだすための交渉術です。自国にとって不利になるような言質を相手国に与えるはずがありません。

それより何より、近年の中国の軍事力強化は、他国を侵略するためではありません。北朝鮮に至っては、日本政府は外交のチャンネルを持ってないので、質問することさえできません。北朝鮮がミサイルを試射する度に日本政府が「外交ルートを通じて抗議した」と発表しているのは、中国の北京にある日本大使館から北朝鮮大使館へファクスを送ることを指しているといわれています。

［資料2―4］ダレスの告白「永続的に従属させる」

※安保条約を知り尽くした「ミスター外務省」の告解をどうみるか？

〈ダレスの回顧〉

「日本を再軍備させ、自分たち西側陣営に組み入れるということと、一方、日本人を信頼し切れないというジレンマを日米安全保障同盟、それは永続的に軍事的に日本をアメリカに従属させるというものを構築することで解決した」（ジョン・ダワー著、『容赦なき戦争―太平洋戦争における人種差別』平凡社、二〇〇一年）

※村田回想録に通じる考えである点に注目

旧安保条約について「望む数の兵力を望む場所に望む期間だけ駐留させる権利を確保」と米国による占領状態を維持する仕掛けであると述べていた国務省顧問であり、国務長官

＊10　1948年に成立した大韓民国（韓国）と朝鮮民主主義人民共和国（北朝鮮）の間で生じた朝鮮半島の主権をめぐる国際紛争。1950年6月25日、金日成率いる北朝鮮が国境線とされた38度線を越えて韓国に侵略したことで起きた。東西冷戦の文脈の中で、西側を中心とした米軍主力

にもなったジョン・フォスター・ダレスは、米国の歴史学者ジョン・ダワーのインタビューに対し、太平洋戦争を経て、米国として日本という国をどのように治めていくかを米政府として検討した結果として得られた回答を明らかにしています。つまり、再軍備と日米安保条約という2つの仕掛けによって、「永続的に軍事的に日本をアメリカに従属させるというものを構築することで解決した」というのです。

前回の授業では、自衛隊の歴史に触れませんでしたが、自衛隊が誕生したきっかけは1950年6月に勃発した朝鮮戦争[*10]にあります。日本から朝鮮半島へ出撃することで占領軍の兵員が少なくなり、ソ連による日本侵攻を懸念した連合国軍総司令部（GHQ）[*11]は、当時の吉田茂首相に日本の再軍備を命じます。その結果、50年8月に自衛隊の前身となる警察予備隊が発足し、54年7月には自衛隊となるのです。

ダレスは日本の再軍備を、日本支配の道具のひとつであるとしています。すると、何ことはない、日本政府はGHQの命令によって誕生した自衛隊を「後付け」で合憲となるよう知恵を絞ったことになります。「なんだ、最初に自衛隊ありきだったのか」と思いませんか。

とはいえ、自衛隊の誕生から4分の3世紀が経過しています。もはや「自衛隊は合憲」との政府見解が揺らぐことはないでしょう。

ことさらに安倍晋三前首相が「自衛隊を憲法に明記する」と強調する必要はどこにあるのでしょうか。すでに「合憲」と明言している政府の、それも首相が自衛隊の合憲性を疑うはずはありません。そうだとすれば、憲法明記の狙いは別のところにあると考えるのが自然ではないでしょうか。

のいわゆる「国連軍」と東側の支援を受けた中国人民志願軍が参戦し、朝鮮半島全土を戦場として3年間続いた。1953年7月27日に休戦。終戦ではなく休戦状態のため、名目上は現在も戦時中。南北朝鮮の両国間、および北朝鮮と米国との間に平和条約は締結されていない。

＊11　第二次世界大戦終結に伴うポツダム宣言を執行するために日本で占領政策を実施した連合国軍機関。総司令部(General Headquarters)の頭字語であるGHQや進駐軍と呼ばれた。実質は米国や英国による占領機関であり、降伏文書に基づき、天皇並びに日本国政府の統治権は最高司令官の支配下に置かれた。

ダレスは、米国による日本支配のもうひとつの道具が日米安全保障条約であると断言しています。すると、現在、わたしたちはダレスが言った通り、「永続的に軍事的に日本をアメリカに従属させ」られているのでしょうか。

防衛白書に、防衛省が日米安保条約の重要性を記述しているのは「永続的」に米国により支配されていることの証拠と考えられるかもしれません。

『村田良平回想録』の中盤から後半の部分にある「思いやり予算」とは在日米軍駐留経費のことを指します。日本政府が米軍のために負担している経費のことですが、本来、日米安保条約上も負担する義務はありません。

しかし、1978年、当時の防衛庁は基地従業員の給料の負担を始めました。これを「思いやり予算」と呼ぶのは、当時の金丸信防衛庁長官が負担の意義について、衆院内閣委員会で「思いやりがあってもいい」と答弁したことにちなんでいます。87年度以降、日米は特別協定を結び、水道光熱費、訓練移転費などが加わりました。日米はおおむね5年ごとに新たな協定を締結しています。

2020年度は在日米軍駐留経費として3993億円が計上されています。これに沖縄の基地負担軽減のための費用であるSACO（通称サコ＝Special Action Committee on Okinawa ＝沖縄に関する特別行動委員会）の経費の138億円、米軍の移転費用を日本政府が負担する米軍再編経費の1799億円を含めれば、実に5930億円を負担していることになります。これは、国内に米軍基地を置く各国の中でも最高額であり、最高の負担率でもあります。

現行の特別協定は２０２１年３月に期限切れとなるので、その前に日米で改定へ向けた協議が始まります。トランプ米大統領は各国に米軍基地を維持するために、巨額の経費負担を求めているので、日本でも協議が難航するのは必至です。トランプ氏から代わったバイデン大統領との間では、一年間だけ、現行の特別協定が延長されることが決まりました。

次に日米地位協定について、解説します。日米地位協定は日米安全保障条約に基づき、日本に駐留する米軍に対して与えられた条件のことです。基地所在の自治体からは日米地位協定は不平等だとして改定を求める動きがあります。その理由などを整理して以下に記しました。

［資料２－５］日米地位協定（日本における米軍の取り扱いを取り決めた協定。１９５２年2月28日署名の日米行政協定を改定）

（１）日米安保条約改定のための署名が行われた１９６０年1月19日ワシントンで署名されており、現行安保条約の第6条を根拠にしている。

（２）米軍に与えられた特権に対する不平等の不満（主要例）

①米軍基地を提供・返還する手続・内容が「米軍の都合」となっている。日本のどこでも、期限の定めなく、使用目的と条件を限定しないまま、施設や区域が提供され、しかも国会の関与がなく、日米両政府間で合意される密室的な仕組みとなっている。

②日本の国内法に触れる犯罪であっても、公務執行中の作為又は不作為から生ずる場合は、米軍の構成員又は軍属に対して米軍が第一次的裁判権を有する。１９９５年の沖縄の少女暴行事件で協定改定の要求が強まったが、両政府は運用改善で対応。「殺人または強姦という凶悪な犯罪」で日本が起訴前に身柄引き渡しを求めれば米側は「好意的考慮を払う」ことで合意した。運用改善での対応にとどまっている。

③米軍が日本に施設を返還する場合、その土地を元通りに回復する義務を負わない。沖縄では用地返還の際、地下からダイオキシンが度々発見されている。原状回復は日本側が負担し、用地を再利用するまで莫大な費用と長い時間がかかる。

④米兵や軍属の出入国を管理できない。外国人登録の必要がないため、いつ入国し、いつ出国しているのか日本側は知る方法がない。検疫もない。犯罪の未然防止や疫病の蔓延を食いとめられない。

ここは日米地位協定についての説明です。

「日本における米軍の取り扱いを取り決めた協定」とある通りで、日米地位協定は日米安保条約第6条を根拠にしています。旧安保条約から現行安保条約に切り換えられた60年に旧行政協定から改定されました。日米地位協定とは、日本政府は安保条約第6条に基づいて米軍に基地を提供している以上、米軍が基地を利用したり、米兵が国内を移動したりするのに際し、不都合がないように定めたものです。「米軍に特権を与える協定」との批判が強い協定でもあります。

事実、安保条約第6条と日米地位協定の運用によって、日本にとって「著しい不都合」

が現れています。

　みなさんは「横田ラプコン」という言葉を聞いたことがありますか。正式には横田侵入管制区といって横田基地を中心にして1都8県（東京都、栃木県、群馬県、埼玉県、神奈川県、新潟県、山梨県、長野県、静岡県）の上空を覆う巨大な空域のことです。この空域では、横田基地にいる在日米軍が航空機を管制し、米軍機の飛行が最優先されることになっています。

　東京とその周辺には羽田空港、成田空港という日本の国際線、国内線の離発着回数が最も多い2つの空港がありますが、羽田と成田を離発着する民間航空機は、行き先によって、最短ルートを選ぶと横田ラプコンを通過することになります。

　しかし、米軍機が最優先ですから、米軍の都合によって民間航空機は同空域内で待機をさせられたり、飛行ルートの変更を命じられたりするおそれがあります。そこで日本の民間航空会社は、運航に支障の出かねない横田ラプコンを迂回するルートを飛行しています。これにより、余分に燃料や時間を消費し、かつ航空路が密集してニアミスの危険さえ出ています。

　日本政府は長年にわたり、在日米軍に対し、横田ラプコンの縮小・返還を求めていますが、ほとんど効果がありません。首都圏の上空を米軍が支配しているのですから、日本はいまだに占領状態にあるといってもよいでしょう。

　横田ラプコンを提供した根拠は、米軍基地周辺の管制業務について「米政府が行う」とした1975年の日米合同委員会の合意に基づいています。合同委員会の代表とは、米側は在日米軍副司令官、日本側は外務省北米局長で、たくさんの分科会を抱えますが、いずれも米政府や米軍の高官と日本政府の官僚や自衛隊幹部によって構成されています。

もともと、52年の日米合同委員会で「一時的な措置」として米軍に認めた管制権だったにもかかわらず、なしくずしのうちに米軍の既得権益になってしまいました。日本の主権に関わる重要な問題にもかかわらす、国会の関与もなく決められ、現在に至っています。

では、その横田ラプコンの中心にある横田基地の米兵はどのような生活をしているのでしょうか。

ここでは、在日米軍全体について、考えていきます。

例えば、在日米軍がレジャーで使うレンタカーを米兵に貸し出す際に高速道路の無料チケットを渡し、その料金を日本政府が負担しています。米兵は特別協定により光熱水料もタダですから、米国にいるより、日本にいた方がカネを使わないでいられるのではないでしょうか。

また在日米軍は、米軍機の深夜や早朝の飛行をしない旨、基地周辺の自治体と交わした協定があるにもかかわらず、これを守っていません。

深夜や早朝の騒音は耐えがたいものになり、全国の基地周辺自治体の住民が起こす騒音公害訴訟では「過去に受けた騒音被害」について、米政府と日本政府が共同して賠償金を支払うことが最高裁判例として定着しています。しかし、米政府は一円も支払わず、日本政府が全額肩代わりしています。わたしたちの税金で米軍による被害を負担しているのです。

続いて前記の④の中身を説明しましょう。④にある通り、米兵は出入国が自由なので入国記録がなく、日本政府は在日米軍の正確な兵員数から知ることができなくなっています。入国審査がないのですから、当然、検疫もありません。新型コロナウイルスに感染した米兵が入国したとしても、日本政府は入国の事実さえ、知りようがないのですから対応しようがありません。

事実、米軍専用施設の7割が集中する沖縄県では米軍の人事異動にあたる2020年7月になって米軍基地で大量の感染者が出て、クラスター（感染集団）も発生しました。米軍は出国前と入国後に14日間の隔離をしていたと発表していますが、PCR検査を受けていなかったのです。

米国の独立記念日にあたる7月4日には基地内外で大規模なパーティーが開かれ、大勢の米兵や沖縄の地元の人たちが集まったことがわかっています。のちに沖縄では県民の間に感染が広がり、感染率が全国一となりましたが、感染源のひとつとして米軍基地が疑われています。

在日米軍司令部は、公衆衛生上の非常事態宣言を出して、米兵の出入国を管理していると発表していますが、日本政府が立ち入り調査をして確認したわけではありません。

なぜ立ち入りできないかといえば、日米地位協定で「米軍には基地の管理権があるので日本政府は立ち入れない」と決めているからです。そんなルールなら変えればよさそうなものですが、米政府という相手があり、交渉が面倒になると考えているのか、いっこう日米地位協定の見直しとはなりません。

3　外務省による「書き換え」

米兵の犯罪を日本の国内法で裁けないことも問題になっています（[資料2－5]（2）の②、三九頁参照）。

日本の外務省は以下のようなQ＆Aをホームページに出しています。

日米地位協定Q＆A（外務省HP）[www.mofa.go.jp/mofaj/area/usa/sfa/qa03.html]

問4：米軍には日本の法律が適用されないのですか。

（答）一般に、受入国の同意を得て当該受入国内にある外国軍隊及びその構成員等は、個別の取決めがない限り、軍隊の性質に鑑み、その滞在目的の範囲内で行う公務について、受入国の法令の執行や裁判権等から免除されると考えられています。（中略）日本に駐留する米軍についても同様です。

つまり、米兵を日本の国内法で裁けない理由は、「一般に」そう考えられているから、としているのです。驚きですね。

ところが、2019年1月までの外務省ホームページのQ＆Aの回答は以下のようになっていました。

（答）一般国際法上、駐留を認められた外国軍隊には特別の取り決めがない限り、接受国の法令は適用されず、このことは、日本に駐留する米軍についても同様です。

「一般に」ではなく「一般国際法上」とありますね。国際法とは、国際社会を規律する条約や規約、基準のことを指します。その国際法で定められているのですから、万国共通のはず。すると、米軍基地を国内に置く日本以外の国々も日本と同じように、米兵には国内法は適用できない、米軍基地には立ち入れない、となります。

ところが、２０１８年、米兵による犯罪の多発を受けて、日米地位協定の見直しを日本政府に求めていた沖縄県は日本政府がいっこうにその重い腰を上げないことに見切りを付け、米軍基地を抱えるドイツ、イタリアに県職員を派遣して各国の地位協定がどのようになっているか実地に調査しました。

すると、驚くべきことにドイツ、イタリアとも駐留米軍に対して、それぞれの国の国内法が適用されていることが明らかになったのです。つまり「一般国際法上」との説明は誤りだったことが明確になったのです。

沖縄県は調査結果を県のホームページで公表しました（「他国地位協定調査中間報告書平成30年」）。

[https://www.pref.okinawa.jp/site/chijiko/kichitai/sofa/documents/chuukan.pdf]

これを見ると、各国の地位協定について、日本、ドイツ、イタリアと並べて書いてあるので一目瞭然です。

すると外務省は、「間違いでした。訂正します」のひと言もなく、ホームページの書きぶりを「一般国際法上」から「一般に」へと変えたのです。

安倍政権では、森友問題[*12]や加計問題[*13]などで公文書の改ざんや破棄が問題になっていますが、実は外務省もこっそり「書き換え」を行っていたのです。

人は過ちを犯します。それは組織においても同様です。その誤りを素直に認めることなく、いつの間にか修正して、知らん顔をしている態度はいかがなものでしょうか。この「書き換え」は、国民からの行政への信頼を失墜させる不祥事だと思います。

沖縄県の調査により、ドイツやイタリアでは自国の国内法が米兵にも適用されることが明らかになりました。それればかりではありません。日本では「立ち入りできない」と外務省が説明している米軍基地にもドイツ、イタリアは立ち入りができるというのです。

これは資料の通りです。日本、ドイツ、イタリアの対応の違いをじっくり読んでみてください。

＊12　２０１６年６月、学校法人「森友学園」に大阪府豊中市の国有地が土地評価額から約８億円引いた１億３４００万円で格安に払い下げられた問題。安倍首相の妻、昭恵氏の関わりが取り沙汰され、国会で野党に追及された官僚がウソをついたり、公文書を破棄・改ざんしたりした。

＊13　２０１７年１月、学校法人「加計学園」が52年間どこの大学にも認められていなかった獣医学部を新設する「国家戦略特別区域」の事業者に選定された問題。加計孝太郎理事長が安倍首相の古くからの友人だったため特別の便宜をはかったのではないかとの疑念が浮上した。

第3回　沖縄の米軍基地

[資料 3] 沖縄の米軍基地

[資料 3－1] 全体像

[資料 3－2] 主要な米軍基地（普天間基地を除く）

[資料 3－3] 普天間基地返還の流れ

[資料 3－4] 米側は米軍再編合意を守っていない

1　米軍専用施設の70・6％が集中

日米安全保障体制について勉強したので、より理解を深める意味から、第3回の授業は「資料3　沖縄の米軍基地」について勉強していきます。

前回の「日米安全保障体制」の授業では、在日米軍が日本に駐留する根拠は日米安保条約にあり、米軍は日米安保条約に基づく、日米地位協定によって特権的な権利を与えられていることを学びました。

今回のテーマは「沖縄の米軍基地」です。沖縄県は多くの米軍基地を「引き受けている」、いや沖縄県にとっては「押しつけられている」といえます。沖縄の米軍基地の実態を知ることにより、日本政府による基地提供の実態がわかります。では、「沖縄の米軍基地」の解説を始めていきます。

【資料3】沖縄の米軍基地

［資料3－1］全体像

- 国土面積の0・6％に在日米軍専用施設面積の70・6％が集中。
- 県土面積の10％を占め、人口や産業の集積する沖縄本島の15％を占有。
- 復帰後、経済規模は約8倍。基地関連収入は15・5％から4・9％へ。

●沖縄の県民総所得は1989年に2兆8168億円だったが、2015年には4兆3644億円へと拡大。
●沖縄のリーディング産業の観光業は、1989年の2478億円から2019年には7047億円まで躍進。
●米軍基地の返還跡地は①那覇新都心、②北谷町《ちゃたんちょう》のアメリカン・ビレッジ、③北中城村《きたなかぐすくそん》のイオンモール・ライカムなど。「沖縄は基地で食っていない」「米軍基地は経済発展の阻害要因」（故 翁長雄志元沖縄県知事）。
●沖縄振興予算（3010億円）は基地の見返りではない。国からの支出は全国12位。

日本は太平洋戦争に負けた後、米軍を主力とする連合国軍総司令部（GHQ）の占領下に置かれました。1952年、サンフランシスコ講和条約が発効し、日本は主権を取り戻し、独立国に戻りました。しかし、沖縄はこのサンフランシスコ講和条約により、日本から切り離されることになりました。関連条文は以下の通りです。

〈サンフランシスコ講和条約　第3条〉
日本国は、北緯29度以南の南西諸島（琉球諸島及び大東諸島を含む。）孀婦岩（※筆者注・そうふがん、伊豆諸島の最南端）の南の南方諸島（小笠原群島、西之島及び火山列島を含む。）並びに沖の鳥島及び南鳥島を合衆国を唯一の施政権者とする信託統治制度の下におくこととする国際連合に対する合衆国のいかなる提案にも同意する。このような提案が行われ且つ可決されるまで、合衆国は、領水を含むこれらの諸島の領域及び住民に対して、行政、立法及び司法上の権力の全部及び一部を行使する権利を有するものとする。

沖縄県は1972年5月15日に米国から日本に施政権が返還されるまで米軍の軍政下に置かれました。軍政下の沖縄は、戦前からあった日本軍の基地が米軍基地化される一方、「銃剣とブルドーザー」[*1]という有名な言葉で例えられる通り、米軍が強制的に住民の土地を奪い、基地化を進めてきました。

（防衛省HP：沖縄の基地負担軽減について——現在の状況［www.mod.go.jp/j/approach/zaibeigun/saco/index.html］）

現在も在日米軍基地のうち、専用施設（自衛隊と共同使用せず、米軍だけが使用する土地、建物など）の70・6％が沖縄に集中しています。

沖縄県は国土面積の0・6％に過ぎない小さな県にもかかわらず、日本全体にある米軍基地が集中しているのです。米軍基地は県土面積の10％を占め、人口や産業の集積する沖縄本島の15％を占有しています。

＊1　米軍占領下の沖縄で、米軍は1953年に「土地収用令」を公布し、真和志村（現那覇市）銘苅・具志、宜野湾村（現宜野湾市）伊佐浜、伊江村真謝など、各地で強制的な土地接収を開始。武器を持たず必死に反対を訴える住民に対し、米軍兵士は銃剣で武装し、ブルドーザーを使って家屋を押しつぶし、土地を強制収用した。

これだけ米軍基地が集中したのは、沖縄の本土復帰に際し、日米両政府が協議して「撤去する米軍基地」と「残す米軍基地」を分けた結果ということになります。

沖縄県側は米軍が住民から奪った土地を返還するよう求めましたが、日本政府は耳を貸さず、その多くが返還されることなく、そのまま残りました。一部返還された米軍基地の多くは自衛隊基地に変わりました。これにより、沖縄は「基地の島」となったのです。

本土復帰後、沖縄の経済成長は目ざましく、経済規模は復帰前と比べて現在までに約8倍に拡大しています。基地で働く沖縄の人々が得る給料、米兵が基地周辺の繁華街で使うカネなどを指す基地関連収入は、復帰直後には15・5％を占めていましたが、復帰後、経済規模が拡大したことにより、現在は4・9％まで下がっています。

「沖縄は基地で食っている」と言う人がいますが、実態を表しておらず、誤りです。

沖縄の経済成長の牽引役は、観光です。沖縄は日本唯一の亜熱帯に位置し、四方を海に囲まれ、リゾート地としての魅力に富んでいます。温暖な気候のため本土から移住するリタイヤ組も増えているので、人口減少に悩む地方自治体が多いなか沖縄県は人口増を続けている県のひとつとなっています。

観光業は1989年の2478億円から2019年には7047億円まで躍進。沖縄県が発表した2018年度の観光客数は、999万9000人で、同時期のハワイの995万4548人を初めて上回りました。「世界の観光地」であるハワイよりも沖縄人気の方が高いことになります。

那覇新港には大型クルーズ船が停泊し、繁華街に外国人があふれるのが日常の風景。ちなみに国別の観光客は、順に台湾、韓国、香港、中国となっています。

細々とではありますが、本土復帰後、日本側に返された米軍基地もありますが、返還は遅々として進んでいません。日本本土の場合、例えば1964年の東京オリンピックを前に東京都内にあった米軍基地や米軍住宅地の多くが返還されたので、相対的に沖縄に基地が集中する結果にもなっています。

数少ない返還された沖縄の米軍基地の跡地は、①那覇新都心、②北谷町のアメリカン・ビレッジ、③北中城村のイオンモール・ライカムなどがあり、いずれもにぎわいをみせています。2018年に任期途中で亡くなった翁長雄志《おながたけし》沖縄県知事は「沖縄は基地で食っていない」と説明して、ありがちな誤解の払拭に努め、「米軍基地は経済発展の阻害要因」と明言していました。

毎年12月には、政府が沖縄振興予算を発表します。これを新聞・テレビが報道するので、他県と比べて沖縄だけ特別扱いされている印象を与えていますが、実際は違います。内閣府に沖縄を担当する部局があり、一括して国からのカネが支払われる形になっているので、目立つのです。国から沖縄県への支出額は全国12位ですから、何ら特別なことはありません。

他の都道府県より補助率が高いなど、有利な点もありますが、これは沖縄の本土復帰が遅れたことで日本本土と比べて遅れていたインフラ整備を加速させるためです。

2020年度の沖縄振興予算は3010億円でした。4年連続して同額です。安倍晋三政権は2021年度まで3000億円以上とすることを決めていましたが、ぎりぎりの額となっています。

次に主要な米軍基地を見ていきましょう。

2 自衛隊が守る米軍基地

［資料3－2］主要な米軍基地（普天間《ふてんま》基地を除く）

（1）「基地の中に沖縄がある」

①那覇軍港

●県の入り口の那覇空港に隣接。「米軍駐留のシンボル」。

●政治的打算の産物。返還合意は1974年、96年のSACO、06年の米軍再編と三度もある。

●国場川《こくばがわ》の河口にあり、土砂が堆積。大型船の入港は不可能。高速船を活用。

●浦添市《うらそえし》の埋め立て地に移転へ。

最初は那覇軍港です。那覇空港から那覇市街地に向かう途中にあり、沖縄本島を訪れた人が「沖縄には米軍基地があるのだなあ」と最初に実感させられる場所でもあります。軍港とあるので海軍基地のようですが、陸軍の施設です。米陸軍は外征軍なので戦力を海外へ移転させるため数多くの艦船を運用しています。その艦船のための施設です。

2001年の湾岸戦争[*2]では中継地として活用され、那覇軍港は戦車、装甲車、トラックなどで埋めつくされました。しかし、2001年のアフガニスタン攻撃[*3]、2003年のイ

＊2　1990年8月イラクのクウェート侵攻に始まり、91年1月から2月にかけて米国を中心とする多国籍軍とイラク軍との間で行われた戦争。イラクの敗北で停戦した。

＊3　2001年9月11日にあったテロリスト集団「アルカイダ」による米同時多発テロへの報復として米国が始めたアフガニスタンに対する武力介入。現在に至るアフガニスタンの混乱を招いた。

那覇港湾施設（那覇軍港）（沖縄県HPより）

ラク戦争[*4]ではほとんど使われませんでした。添付した写真の通り、いつもガランとしています。

　那覇軍港は国場川の河口にあり、流れ出る土砂が堆積して水深が浅くなっています。大型の艦船が入港できず、喫水《きっすい》の浅い海兵隊の高速船が利用するのみとなっており、米軍にとって、それほど使い勝手がよい軍港ではありません。

　このため、日米で返還が話し合われ、１９７４年に移設条件付きで返還が決まりました。しかし、その後、沖縄の少女暴行事件をきっかけにしたＳＡＣＯがあった１９９６年と、在日米軍の「整理・縮小・統合」を目指した米軍再編があった２００６年にも、やはり返還で日米が合意しています。返還は３回決まったことになります。「返還は一度でよいのでは？」。誰でもそう思いますね。実際には返還作業が進まないので、日米で行われる協議の度に那覇軍

＊4　米国のブッシュ政権が「イラクが大量破壊兵器を隠し持っている」と国際社会にウソをついて２００３年３月20日から始めたイラクに対する武力介入。英国、豪州なども参戦した。フセイン政権は崩壊したが、テロリスト集団「ＩＳ（イスラム国）」を生む要因になり、現在に至るイラクの混乱を招いた。

港もテーマとなり、返還で合意するという珍事となっているのです。日米双方が合意の成果を水増しするために利用されているとも言えます。

最後の合意でもある米軍再編を受けて、那覇市の北に隣接する浦添市の埋め立て地への移設が決まっています。

米軍の特徴ですが、彼らはただでは基地を返してくれません、多くの場合、「移設条件付き」となり、移設にかかる費用はすべて日本政府が負担することになっています。米国は一円の負担もなく、新しい施設を手に入れられるのですから、日本は「米軍の楽園」とも言えるでしょう。

②牧港《まきみなと》補給地区

- ベトナム戦争[*5]で大活躍。溶剤はどこへ？　ＰＣＢ汚染の疑惑。
- １９７５年に猛毒物質六価クロムの海への流出。ドラム缶消失。
- １９８６年沿岸で農薬のディルドリンなどが原因で魚の大量死が発生。
- ２００６年米軍再編。施設の分散移転後、全面返還。
- 浦添市の計画。アジア交流都市の形成。商業施設、体育施設、住宅など。

次に説明する牧港補給地区は、沖縄を南北に貫く幹線道路の国道58号線沿いにある海兵隊の武器備蓄施設です。

ベトナム戦争では戦車やトラックが大量に米本土から送り込まれました。逆にベトナムからも壊れた戦車などが運ばれてきましたが、特殊な溶剤を入れたプールに浸けるとサビ

＊5　インドシナ戦争後に南北に分裂したベトナムで発生した戦争の総称。米国は１９６０年代に参戦し、北ベトナムと戦った。米兵に4万７４３４人の戦死者を出し、米国は事実上、敗北。米国内では厭戦気分が広がり、徴兵制の廃止、ドルの暴落などを招いた。

牧港補給地区（沖縄県HPより）

だらけだった戦車がピカピカになったと言われています。戦争が終わって、この溶剤はどのように扱われたのか、米軍が公表しないので日本側は知る術がありません。

しかし、その後、牧港補給地区で相次いだ危険物質の流失事故を見ると、違法に投棄したのではないかとの疑いが残ります。

例えば、1975年、極めて強い毒性がある六価クロムが牧港補給地区から海に流出しました。米軍が施設内に積み上げていた六価クロムのドラム缶がいつの間にか消えていたのは違法に投棄したからでは、との疑惑が浮上しました。

1986年には牧港補給地区の沿岸で、農薬のディルドリンなどが原因で魚の大量死が発生しました。このケースも米軍による不法投棄もしくは流出事故の疑いがあります。

米軍はハワイにも陸海空海兵隊の基地を持っていますが、ハワイで米軍による環境汚染が問題になったという話を聞いたことがありません。沖縄では実弾射撃が終われば、そのままほったらかしですが、ハワイの演習場では不発弾処理をしています。米軍は沖縄を占領地だと勘違いしているのかもしれません。

牧港補給地区は、那覇軍港と同じく2006年の米軍再編で施設を分散移設した後に用地は全面返還されることが決まりました。浦添市は、将来構想としてアジア交流都市の形成を挙げ、跡地に商業施設、体育施設、住宅などの建設を計画しています。

③別格の嘉手納《かでな》基地

- 極東最大の米軍基地。
- F15戦闘機[*6]が二個飛行隊など約100機を配備。
- 隊舎125カ所、家族住宅約3500戸、小学校4校、中学校2校、高校1校。食堂11カ所、銀行、郵便局、図書館、病院が置かれ、18ホールのゴルフ場もある。
- 日本に課せられた防衛義務（1971年の久保・カーチス協定）。
- 嘉手納基地を守る自衛隊の防空部隊。

沖縄市、嘉手納町、北谷町の1市2町にまたがる広大な空軍基地が嘉手納基地です。3700メートルの滑走路が2本あり、米空軍の戦闘機や空中警戒管制機[*7]などのほか、米海軍の哨戒機[*8]も配備されています。

航空機の総数は約100機で「東洋最大の米軍基地」と呼ばれていましたが、2018年3月、神奈川県の厚木基地から空母艦載機が山口県の岩国基地[*9]に移転し、岩国基地の航

＊6　米国が1970年代に開発した戦闘機。航空自衛隊も採用している。

＊7　機体上部に大型レーダーを搭載し、空域監視や航空機などの空中目標を探知・追跡して友軍機への航空管制や指揮・統制を行う特殊な航空機。

＊8　潜水艦を探知して攻撃する特殊な航空機。不審船の監視などにも活用される。

＊9　山口県岩国市にある米海兵隊の航空基地。海上自衛隊が共同使用している。

嘉手納飛行場（嘉手納基地）（沖縄県HPより）

空機が約１３０機に増えたことで、嘉手納基地を上回りました。

嘉手納基地の中には、隊舎１２５カ所、家族住宅約３５００戸、小学校４校、中学校２校、高校１校、食堂11カ所、銀行、郵便局、図書館、病院が置かれ、18ホールのゴルフ場まであります。

もはやひとつの町といえる規模ですね。基地内には各種宗教の施設があり、キリスト教の教会はもちろん、仏教寺院、イスラム教の教会まであります。

沖縄が日本に復帰する前年の１９７１年、防衛庁の久保卓也防衛局長とウォルター・Ｌ・カーチス・ジュニア在日大使館首席軍事代表（海軍中将）との間で「日本国による沖縄局地防衛責務の引き受けに関する取極」、いわゆる久保・カーチス協定が締結されました。

協定は、返還される米軍基地に自衛隊

が入ることを前提に、自衛隊の規模や装備を定め、米軍の防空任務を自衛隊がそっくり引き継ぐ内容となっています。

米軍が日本側に引き渡した基地のうち、4カ所の地対空ミサイル基地はミサイルごと日本政府に譲渡され、自衛隊がこれらのミサイル基地に入りました。

米軍のミサイル基地は嘉手納基地を防衛する役割があり、防衛するのに適切な地点にミサイル基地を配備していたので、自衛隊が引き継いだミサイル基地は現在も嘉手納基地を守っていることになります。

陸上自衛隊のホーク・ミサイル[*10]（現在は03式中距離地対空誘導弾[*11]に改修中）、航空自衛隊のパトリオット・ミサイル[*12]による防御圏の中心に嘉手納基地があります。

自衛隊が米軍施設を防衛するのは集団的自衛権の行使となる疑いがありますが、日本政府は防衛出動が発令された場合、つまり日本有事で米軍を防衛するのは個別的自衛権の範囲に入り、合憲との見解を示しています。しかし、ふだんは平時であり、平時に米軍を守る位置に自衛隊のミサイル基地があるのは、集団的自衛権の行使を前提にしていると考えざるを得ません。

3　米国以外で唯一の海兵隊遠征軍

（2）沖縄の海兵隊＝第3海兵遠征軍（3rd Marine Expeditionary Force ＝３ＭＥＦ）、海外で唯一の遠征軍

＊10　１９５０年代に開発された米国製の地対空ミサイル。

＊11　陸上自衛隊が運用する純国産の中距離防空用地対空ミサイル。

＊12　１９８０年代に開発された米国製の地対空ミサイル。

- 18万人中、沖縄には実数で1万2000〜1万4000人。
- 陸上部隊はキャンプ・ハンセン（第12連隊）、シュワブ（第4連隊）。
- 第31海兵遠征隊（31st Marine Expeditionary Unit＝31MEU）は別格。佐世保の強襲揚陸艦*13。
- 普天間《ふてんま》基地は空中給油機とヘリコプターの基地からオスプレイ*14基地へ。
- 北部訓練場＝世界で唯一のジャングル演習場（高江のヘリパッド問題）。

沖縄に駐留する米軍のうち、最も広い面積を占有しているのは海兵隊です。米国の海兵隊は、地上部隊の基地を「キャンプ」と呼びます（米陸軍も同じ）。ハンセンやシュワブというのは太平洋戦争の沖縄戦で亡くなった海兵隊員の名前から取ったものです。

米軍は130万人以上の兵士で構成されていますが、海兵隊は陸海空海兵隊の4軍の中では、最も小さな組織で総数は約18万人。このうち沖縄には1万2000人から1万4000人がいるとみられます。正確な人数は日本政府も把握していません。その理由は、前回の授業で説明した通りです。

米海兵隊は第1から第3までの遠征軍に分かれ、第1遠征軍はカリフォルニア州のキャンプ・ペンドルトン、第2遠征軍はノース・カロライナ州のキャンプ・レジューンにいます。それぞれ約5万人の組織ですから、その3分の1程度しかいない沖縄の第3海兵遠征軍は一番規模の小さい遠征軍となります。

海兵隊は地上部隊が艦艇や航空機、ヘリコプターに乗り込み、敵前上陸する「殴り込み部隊」です。しかし、敵前上陸したのは朝鮮戦争中の1950年9月にあった仁川《インチョン》上陸作

＊13　敵前上陸させるため、米海兵隊の戦車や車両、兵員を乗せて運ぶ軍艦のこと。

＊14　海兵隊が運用するために米国で開発された垂直離着陸が可能な輸送機。墜落事故が頻発して問題になっている。海軍、空軍も運用している。

戦が最後でした。湾岸戦争（1991年）、イラク戦争（2003年）では、陸軍のように最初から地上に降り立ったところから戦闘を開始しています。

海兵隊らしい上陸作戦を行う必要性が薄れたことから、米国内には「海兵隊不要論」があります。そうした中で、海兵隊が沖縄に基地を持つこと自体が海兵隊の存在意義となっている面があります。

陸上部隊は金武町《きんちょう》にあるキャンプ・ハンセンに第12連隊（砲兵）が配備され、名護市《なごし》のキャンプ・シュワブに第4連隊（歩兵）が置かれています。

ハンセンには第31海兵遠征隊も配備されています。海兵遠征隊というのは有事即応の部隊のことで、第1遠征軍、第2遠征軍とも、それぞれ3個の遠征隊を持ちますが、沖縄にあるのは第31海兵遠征隊の1個だけです。

第31海兵遠征隊は約2000人の兵士からなり、長崎県佐世保市の米海軍佐世保基地に配備された強襲揚陸艦に乗って出撃します。平時には、アジア太平洋方面のパトロールの任務があり、第31海兵遠征隊は1年のうち、7～8カ月程度は強襲揚陸艦に乗ってアジア太平洋方面を周回し、沖縄にいるのは年に3～4カ月ということになります。

普天間基地は沖縄にある海兵隊のための航空基地で、垂直離着陸輸送機「オスプレイ」が24機配備されています。以前は輸送機や大型ヘリコプターも配備されていましたが、米軍再編の議論を経て、大半は岩国基地や海外の基地へ移転しました。

この普天間基地はSACOで移設条件付きの返還が決まり、日本政府は名護市辺野古《へのこ》に新基地を建設中です。

普天間飛行場（普天間基地）（沖縄県HPより）

また沖縄の北部には海兵隊のための広大な北部訓練場があります。海兵隊にとって世界で唯一のジャングル訓練場です。

海兵隊は使用していない北部訓練場の一部を日本に返還しました。返還に伴い、失われるヘリパッド（ヘリコプター離着陸帯）の代替施設を日本政府に建設するよう求め、北部訓練場内の東村《ひがしそん》高江地区に6カ所のヘリパッドが建設されました。

しかし、返還までの間に海兵隊はヘリコプターをオスプレイに換えました。そのオスプレイは開発段階で墜落事故が相次ぎ、「未亡人製造機」と呼ばれたほどです。2012年普天間基地に配備された後、5年も経過しないうちに2機が墜落し、3人の乗員が死亡しています。

ヘリパッドは高江の集落を囲むように造られたことから、住民は騒音や墜落の恐怖におびえることになりました。これらを

「高江のヘリパッド問題」といいます。

［資料3－3］普天間基地返還の流れ

（1）1996年12月、沖縄特別行動委員会で「沖縄本島東海岸沖への海上基地建設」合意

①撤去可能な施設をめぐる「綱引き」

●造船、鉄鋼17社で「超大型浮体総合システム研究会」。対抗する「沖縄海洋空間利用技術研究会」は商社、鉄鋼など19社。重複加盟が実に17社。三菱重工、川崎重工、石川島播磨重工など。

②沖縄の巻き返し

●名護市辺野古沖に埋め立てで、2400メートルの滑走路。

●國場組[*15]の國場幸一郎相談役が「ぼくがつくらせた」。

③稲嶺恵一知事の当選で99年11月、県が辺野古沖を正式決定

●2002年7月の代替施設協議会で「埋め立て方式、滑走路2000メートル」で合意。

●04年4月、ボーリング調査に対し、反対派の抵抗始まる。

●04年8月、イラク派遣前のCH53ヘリコプター[*16]が沖縄国際大に墜落。

④小泉純一郎政権下、守屋次官の指示で合意案見直し

●懲りた防衛省、キャンプ・シュワブ陸上案を提示。

●対抗する米政府は過去の海上基地構想。

●05年10月「L字型」で日米合意。

⑤06年5月、最終合意のロードマップで「V字型」

＊15　沖縄県那覇市に本社がある大手の建築・土木会社。

＊16　米海兵隊の強襲作戦用に開発された米国製の大型ヘリコプター。

●戦闘機は運用しないのに滑走路２本。
●航空機運用と無関係のＶ字型。

４　紆余曲折した普天間代替施設

普天間基地の返還について、説明します。

普天間基地は１９９６年のＳＡＣＯで「沖縄本島東海岸沖への海上基地建設」を交換条件に返還が決まりました。沖縄本島東海岸とは名護市のキャンプ・シュワブ付近のことを指します。

国外や県外への移設ではなく、沖縄県内への移設となった理由について、日本政府は「地上部隊と航空部隊を組み合わせて使う必要があるため」と説明していますが、海兵隊の地上部隊が乗る強襲揚陸艦が沖縄から2日もかかる長崎県の佐世保基地に配備されているのですから、「ホントかな」と疑われても仕方ありません。

普天間代替施設となる海上基地はＳＡＣＯ当時の橋本龍太郎首相が「海兵隊の撤退後、撤去可能な施設であること」を条件としたため、埋め立てではない方式が追求されました。

ひとつは巨大な鉄の箱をつなげるメガフロート方式で、造船、鉄鋼17社が「超大型浮体総合システム研究会」を組織して採用を目指しました。

これに対抗したのが海に鉄の杭を打ち込んで造る桟橋方式です。造船、鉄鋼など19社による「沖縄海洋空間利用技術研究会」が組織されました。

この2つの団体には実に17社が重複加盟しており、三菱重工、川崎重工、石川島播磨重工（現ＩＨＩ）などの防衛産業のほか、新日本製鉄など日本を代表する重厚長大産業がダブって参加していたのです。

つまり、どちらの方式が採用されても、17社は受注できることになります。

「沖縄の工事なのに本土の大企業に仕事を奪われていいのか」

沖縄の産業界から疑問の声が上がり、沖縄の建設会社でも技術的に可能な埋め立て方式で対抗する案が浮上。名護市辺野古沖に２４００㍍の滑走路を持つ埋め立て地の建設が計画されました。

計画の中心にいたのが地元ゼネコンの國場組《こくばぐみ》です。國場組には、米国の巨大ゼネコンのベクテル社が造った図面があり、防衛施設庁にも提出されていました。地図について、当時の國場幸一郎相談役は私（半田）の取材に「ぼくがつくらせた」と明言（１９９９年11月22日／東京新聞「基地が来る！　沖縄の選択、その裏で（上）」）。普天間移設問題は、本土の大企業ｖｓ沖縄の地元企業の争いの様相を帯びてきます。

１９９８年11月にあった沖縄県知事選挙では、県内移設に反対だった現職の大田昌秀《おおたまさひで》知事に対抗し、地元経済界が稲嶺惠一《いなみねけいいち》氏を擁立、稲嶺氏が当選したことにより、政府と沖縄県の協議機関の代替施設協議会で２００２年７月、「埋め立て方式、滑走路２０００㍍」で合意。普天間代替施設は、辺野古沖を埋め立てることが決まりました。

これを受けて、防衛施設庁が始めた洋上のボーリング調査に対し、２００４年４月から反対派の抵抗が始まり、調査は度々中断。防衛施設庁は、台風の接近を口実に工事をいったんストップさせます。その後も工事は再開せず、事実上、中止となりました。するとこの間の04年8月、イラク派遣前のＣＨ53ヘリコプターが沖縄国際大学に墜落。学生や住民に死傷者は出なかったものの、あらためて普天間基地の危険性除去が叫ばれたのです。

問題解決のため、日米両政府は２００１年ごろから本格化した米軍再編の議論に普天間移設問題も含めることとし、防衛庁では当時、官房長から事務次官になった守屋《もりや》武昌《たけまさ》氏を中心に検討が進みました。

守屋氏は、一官僚に過ぎないにもかかわらず、防衛庁を防衛省に格上げするのに国会議員を説得する政治手腕をみせました。しかし、退官後、在職中に防衛産業から賄賂を受け取っていたことが発覚し、逮捕されて有罪判決を受け、服役しました。

話を戻します。守屋氏は海での建設は「再び反対派の抵抗に遭う」として、キャンプ・シュワブの演習場の山を切り崩して滑走路を造る方式を主張、一方の米軍は当初案のように海を埋め立てる方式を主張しました。

日米は米軍再編中間報告が合意された２００５年10月、現在、防衛省が埋め立てを進める「Ｌ字型」でまとまりました。

防衛省が作成した辺野古新基地案の図を見てください。

滑走路は普天間基地の1本から2本に増え、海を埋め立てることで米軍の艦艇が停泊で

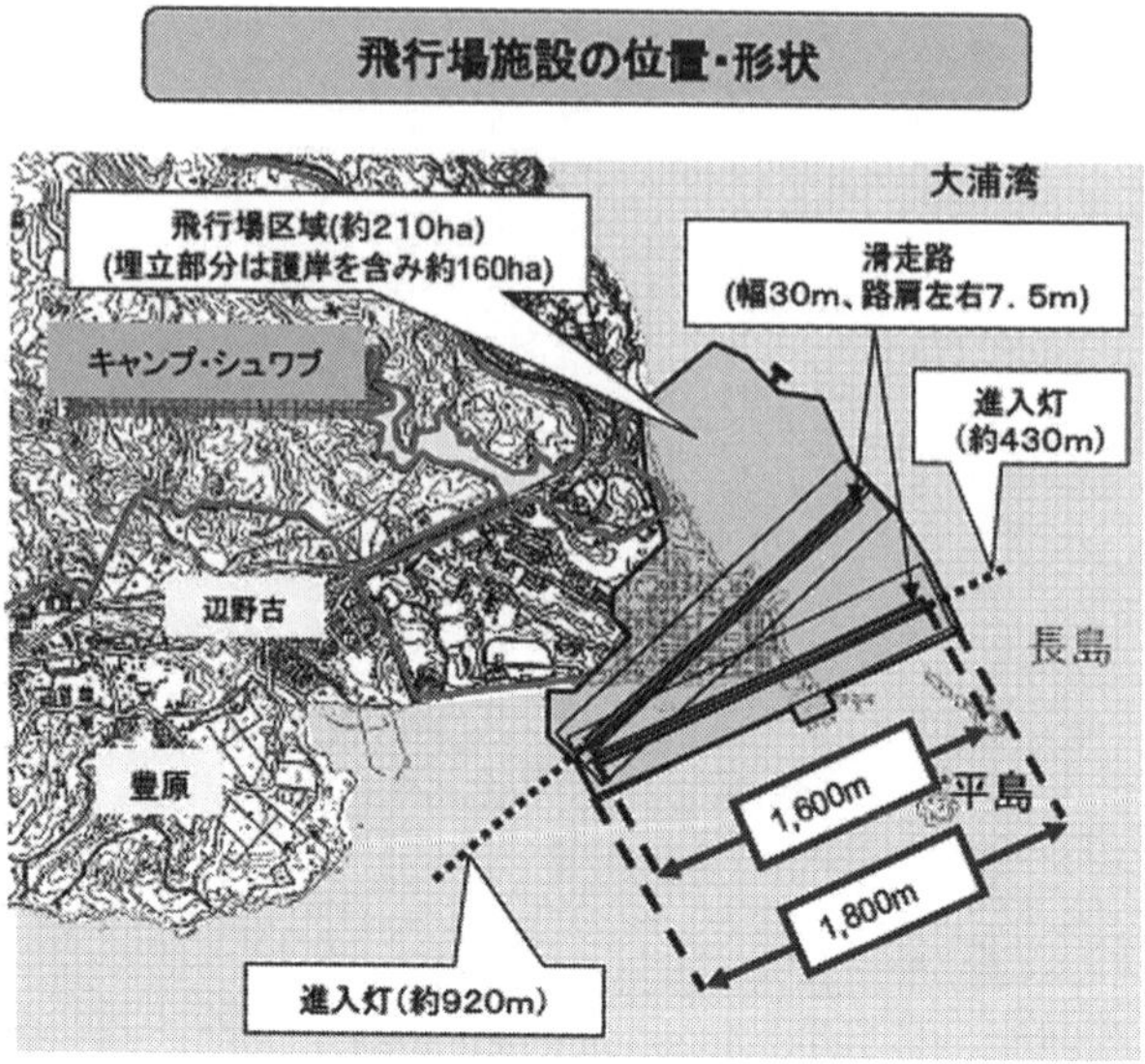

(防衛省の資料より)

きる桟橋もあります。

出撃するキャンプ・シュワブの米兵は、うるま市の米海軍施設のホワイト・ビーチまでトラックで移動して、敵前上陸ができる強襲揚陸艦に乗り込みます。目の前の海が埋め立てられて強襲揚陸艦が着けるようになれば移動の時間を節約できるようになります。

普天間基地と比べれば、代替施設は「強化された基地」となるので、沖縄の人たちは「辺野古新基地」と呼び、この呼び方がマスコミにも広がって、普天間代替施設は辺野古新基地と呼ばれています。

⑥なぜ仲井眞《なかいま》弘多《ひろかず》知事、島袋吉和《しまぶくろよしかず》前名護市長は「50メートル沖出し」を主張したのか

- 沖縄の建設業者だけで請け負える工事になる。
- 再び、「本土vs沖縄」の構図。

日米で辺野古新基地の建設を決めた後も沖縄側から「50メートル沖出し」を求める声が出てき

ました。辺野古新基地はキャンプ・シュワブの東側にある大浦湾《おおうら》を埋め立てて造ります。この場所の大浦湾は深いので技術のある本土のゼネコン（大手建設会社）でなければ、工事ができません。

しかし、50㍍沖出しすると、大浦湾にかかる部分が減り、埋め立て地全体が浅瀬に出てきます。浅瀬の埋め立てなら沖縄の建設会社でも受注できるので、そうした主張が出てきたのです。

普天間代替施設をめぐる、本土と沖縄の産業界による利権争いは続いていたのです。

（2）自民党政権で「県外、国外」は最初から想定外だった

●過去に挙がった「北海道の苫東《とまとう》」、「九州の築城《ついき》、新田原《にゅうたばる》」。

●浮上した「大村基地」「相浦《あいのうら》駐屯地」など。

●「ネックは地元合意だけでなく、巨額のインフラ整備」（防衛省幹部）。

現在の辺野古新基地に決まる前にどのような議論があったのでしょうか。

１９９６年のＳＡＣＯでは、北海道苫小牧市の東部を意味する苫東が挙がりました。苫小牧市が工業団地として用地開発しながらも工場の誘致に失敗し、広大な土地が空いていたからです。また高知県は、全体として過疎が進み、米軍を受け入れて地域の活性化を図る思惑がありました。

２００９年からの民主党政権下では鳩山由紀夫首相が「県外、国外」への移設を訴えて、九州・長崎県の海上自衛隊大村基地、陸上自衛隊相浦駐屯地など自衛隊基地が候補に上り

ました。

しかし、新聞報道で候補地として検討対象になっていることが報道されると、地元からたちまち「移設反対」の声が上がり、具体的な検討に入る前に頓挫。そうした中で基地問題を担当していた当時の防衛施設庁の幹部は「ネックは地元合意だけでなく、巨額のインフラ整備」と述べ、長年の間にさまざまなインフラが整備された普天間基地と同じ条件の基地を新たにつくることの困難さを財政面から説明しました。

先に普天間代替施設を沖縄に探した理由について、日本政府は「地上部隊と航空部隊を組み合わせて使う必要があるため」と説明していますが、実際には北海道や四国、九州まで候補地になっていたのですから、この説明は怪しいものです。

（3）迷走した鳩山由紀夫政権

※民主党の迷い（鳩山首相が「県外、国外」と明言するも……）

●北澤俊美防衛相は「現実的な判断」と最初は従来案。

●岡田克也外相の嘉手納統合案。

普天間代替施設を「県外、国外」に探すことを明言した鳩山首相ですが、難敵は閣内にいました。

北澤防衛相はもともと自民党の政治家だった人なので保守的な考え方をします。彼は「現実的な判断」と語り、自民党が進めてきた辺野古への移転が最適と主張。また岡田外相は「東洋一の空軍基地」である嘉手納基地に統合する案を主張しました。

岡田案に対しては在日米軍、在日米大使館がこぞって反対し、日本の外務省まで米側に加勢して反対しました。その理由は「空軍の戦闘機と海兵隊のヘリコプターは速度が違い過ぎて共存できない」というものです。

これは明らかにウソです。航空自衛隊の基地では戦闘機とヘリコプターの両方が配備されているからです。あからさまなウソをつくことで「何としても反対する」という強硬な姿勢を見せたかったのかもしれません。

結局、鳩山首相は、適当な普天間代替施設を見つけることができず、２０１０年5月、「学べば学ぶにつけて、（アメリカ海兵隊の各部隊が）連携し抑止力を維持していることがわかった」と述べ、辺野古新基地案に戻り、6月になって首相職を放り投げました。

（4）驚きの米軍再編見直し（2006年5月→2012年5月）

①移転するのは実戦部隊（第4海兵連隊＝歩兵、第12海兵連隊＝砲兵）。

②オスプレイを利用する実戦部隊が海外移転。残るのは第31海兵遠征隊。

③それでも格段に強化される辺野古新基地（艦艇岸壁、弾薬搭載エリア）。

民主党政権は、普天間移設問題の失敗のほか、官僚を排除した政治家主導政治の失敗、福島第一原発事故の対応ぶり（とはいえ、新型コロナ対策で後手が指摘された安倍政権や菅政権だったならばどうなっていただろう、と考えてみましょう）などから、２０１２年12月の総選挙で自民党に大敗し、３年３カ月で終わりました。

その後の政権は、安倍晋三首相が二度目の首相に就きました。

実は民主党政権末期の2012年5月、米軍再編の合意内容に関して重大な変更がありました。

ここで米軍再編[*17]について、説明しておきます。

冷戦後、米政府は海外に多くの米軍基地を抱え、多くの米兵やその家族が生活していることを経費の無駄遣いと考えるようになります。1990年代の終盤、ドイツやイタリアでの米軍基地の整理・縮小を決めて、2000年代に入って、韓国の米軍基地を統合・縮小しました。

日本での議論は2001年ごろから始まり、2005年に中間報告、06年に最終報告の合意内容が発表されています。

最初、米軍が日本側に示した米軍再編案は、仰天する内容でした。

①横田基地の在日米軍司令部を神奈川県のキャンプ座間[*18]に移す、②これに伴い横田基地の第5空軍[*19]はグアム[*20]に移転する、③キャンプ座間の司令官は現在の少将から大将に格上げして、この大将が在日、在韓米軍[*21]双方の指揮を執る、というのです。

これには外務省も防衛庁も腰を抜かしました。まず米政府は冷戦後、日本に対する本格侵攻はないと考え、緒戦で必要になる空軍を廃止するというのです。また日本から韓国の米軍の指揮を執ることになれば、仮に朝鮮戦争が現在の休戦状態から再び戦争状態に戻った場合、米軍の指揮を日本から執ることになり、日本は朝鮮戦争に関わらざるを得なくなります。

＊17　冷戦終結後、米国が着手した世界各地に展開する米軍の配置などについての見直しのこと。基本構想は①ソ連封じ込めのために配置した米軍兵力は時代遅れ②師団（約2万人）ではなく旅団（約4000人）を戦闘単位とする③ITを活用し、情報収集と命中精度を飛躍的に向上させる④テロ活動と大量破壊兵器の拡散の対応に力点を置く、など。

＊18　神奈川県にある米陸軍基地。在日米陸軍司令部が置かれている。

＊19　東京の横田基地に司令部を置く米空軍。主要部隊は、沖縄・嘉手納基地の戦闘機、輸送機部隊「第18航空団」、青森県・三沢基地の戦闘機

これらの当初案は、日本側の強硬な反対によって、退けられました。日本には憲法上の問題があることまで理解していなかったようです。

２００６年に日米合意した米軍再編最終報告は、日本側が求めた沖縄の基地負担の軽減が強く反映されているのが特徴です。

合意の中身は、①沖縄の第3海兵遠征軍のうち、司令部要員と兵站要員の８０００人とその家族９０００人をグアムに移転させる、②普天間基地の代替施設を名護市辺野古に新設することを条件に普天間基地を返還する、③キャンプ座間に米ワシントン州にある第1軍団を移転させる、などとなっています。

しかし、この合意内容のうち、２０１２年5月の2プラス2（日米の外務・防衛大臣による会合）で、海兵隊のグアム移転の中身ががらりと変わりました。

グアムに移転するのは、司令部要員や兵站要員ではなく、実戦部隊となったのです。実戦部隊は独身者が大半なのでグアム移転は「兵士８０００人とその家族９０００人」から「兵士９０００人」に変更されました。

これは驚きの変更でした。２００６年の米軍再編の議論に際し、沖縄に残るのが荒くれ者ばかりの実戦部隊であると判明し、沖縄からは「移転の中身を入れ換えて、実戦部隊をグアムに移転させてほしい」との声が上がりました。しかし、日本政府は「実戦部隊の移転は抑止力が低下する」と言って沖縄の要求を門前払いしたのです。

ところが、米政府から「移転の中身を入れ換えたい」との申し出があると、日本政府は「抑止力が低下するからダメだ」とは言わず、米側の申し入れを受け入れたのです。

これほど人をバカにした話はありません。結局、日本政府は米政府の要求には何でも応

部隊「第35戦闘航空団」、横田基地の輸送機部隊「第３７４空輸航空団」。

＊20　太平洋にあるマリアナ諸島南端の島。第二次世界大戦後、米国の信託統治となった。アンダーセン空軍基地、アプラ海軍基地など米軍の主要基地がある。

＊21　韓国に駐留する米軍の総称。朝鮮戦争で国連軍として派遣され、引き続き駐留している。内訳は、陸軍2万人、空軍８０００人、海軍３００人、海兵隊１００人、特殊作戦軍１００人。

え、理由を後付けしているだけではないのか、との疑問が浮かびます。

２０１２年の米軍再編見直しによって、グアムなどに移転するのは第４連隊、第12連隊という２つの実戦部隊となりました。すると沖縄に残る実戦部隊は第31海兵遠征隊だけ、となります。

現在、普天間基地に配備されているオスプレイを利用するのは、たった２０００人の第31海兵遠征隊ということです。このうちオスプレイを利用する地上部隊は８００人。この８００人のために辺野古新基地の建設に日本政府の試算で９３００億円（沖縄県の試算では2兆５０００億円）もかけるのは公費の無駄遣いにならないのでしょうか。

しかも先に説明した通り、辺野古新基地は基地機能を格段に強化した基地です。本来の目的である普天間基地の危険性除去よりも、米軍基地の強化の方が目立ってはいないでしょうか。

5　辺野古新基地に反対する民意

（5）過去4回　辺野古新基地に反対の民意が示されている

●２０１４年11月　翁長雄志《おながたけし》氏が自・公推薦の現職を破る。

●２０１８年９月　玉城《たまき》デニー氏が自・公・維新・希望推薦の新人を破る。

※39万６３３２票は過去最多

●２０１９年２月　県民投票
賛成：11万４９３３票
反対：43万４２７３票
どちらでもない：５万２６８２票

●２０１９年４月　衆院沖縄３区補選
屋良朝博《やらともひろ》（選挙時は無所属）　７万７１５６票
島尻安伊子《しまじりあいこ》（自民・元沖縄北方担当相）　５万９４２８票

沖縄県では過去４回の選挙や住民投票で、辺野古新基地に対する明確な「ＮＯ」が示されています。

２０１４年11月の知事選挙では、選挙公約に反して、辺野古新基地の埋め立て工事を容認した仲井眞弘多《なかいまひろかず》知事が、辺野古新基地反対を掲げた那覇市長だった翁長雄志《おながたけし》氏に敗北。翁長知事の死去に伴う２０１８年９月の知事選挙では「辺野古新基地反対」を公約に掲げた玉城デニー氏が自民党などの推薦した候補を大差で破りました。玉城氏の獲得した39万余票は沖縄県知事選挙として過去最多です。

翌19年２月には辺野古新基地の賛否を問う県民投票があり、反対票が賛成票を４倍近く上回り、県民の辺野古新基地に対する反対の意思が明快に示されました。

同年４月には衆院議員から知事になった玉城氏の空席を埋める衆院補選があり、辺野古新基地反対を訴えた新人で野党統一候補の屋良朝博氏が、辺野古新基地の工事を進める自民党現職の島尻安伊子氏を破りました。

このように辺野古新基地に反対する「沖縄の民意」は明確に示されています。それでも工事を強行する日本政府は、何を考えているのでしょうか。

（6）政府は辺野古新基地の建設を続けると明言

●岩屋毅《いわやたけし》防衛相（県民投票後の発言）

「沖縄には沖縄の民主主義があり、国には国の民主主義がある。それぞれの民意に対して責任を負っている」

※辺野古新基地をめぐる国民投票や他県での県民投票は行われていない

※国の民主主義とは？

●菅義偉《すがよしひで》官房長官（衆院沖縄3区補選後の発言）

「丁寧に説明をしながら、辺野古埋め立てを進めたい」「（辺野古への移転が）安全保障環境を考えた時に唯一の解決策であるという考えに変わりはない」

●安倍晋三首相（衆院沖縄3区補選後の発言）

「大切なことは沖縄の基地負担の軽減をはかり、ひとつひとつ結果を出していくことだ。一日も早い普天間飛行場の全面返還をめざしていきたい」

県民投票後の岩屋防衛相の談話はひどいものです。「沖縄には沖縄の民主主義があり、国には国の民主主義がある。それぞれの民意に対して責任を負っている」と言いましたが、沖縄は県民投票を経て、民意が示されました。では「国の民主主義」とは何でしょうか。辺野古新基地をめぐって国民投票が行われたことは一度もありません。

すると「国の民主主義」とは、「政権の意向」を指すのでしょうか。確かに衆院選挙を通じて、自民党を選び、自民党は安倍内閣を誕生させましたが、有権者は安倍内閣の政策すべてに対し、白紙委任状を渡したわけではありません。岩屋氏の言葉は傲慢と指摘されても仕方ありません。

沖縄基地負担軽減担当大臣でもある菅義偉官房長官は衆院沖縄３区補選の後、「丁寧に説明をしながら、辺野古埋め立てを進めたい」と述べました。菅氏や安倍首相は「丁寧に説明する」と口癖のように言いましたが、丁寧な説明がされたことはほとんどなく、結局、政権の方針を押しつけるだけです。

そして「辺野古新基地が唯一の選択肢」という言葉は決して変えないのです。民意を酌み取り、辺野古新基地に反対を続けた翁長知事とは政治家の器が違うのかもしれません。

（7）明るみに出た隠ぺい工作

①大浦湾の埋め立て予定地に軟弱地盤

●1個約７０００トンのケーソンを複数入れるため地盤の固さを示すN値は50必要なところ、「ゼロ」と判明↑マヨネーズ並みの柔らかさ。

●２０１６年に判明していたにもかかわらず、非公表。

●現在の技術では地盤改良は70メートルまで。それ以上の深さでは不可能。

辺野古新基地の建設を進めたい防衛省は、埋め立てを予定する大浦湾の海底の強度を調べました。埋め立ての方法は、海底に基礎の捨て石を敷き、その上にケーソン（コンクリート製の箱）を置きます。ケーソンは、最大の物は長さ52メートル、幅22メートル、高さ24メートルで、重さ７２００トンにもなります。

これだけの重量物を支えるためには地盤の固さを示すN値が50以上は必要ですが、大浦湾の海底の一部はN値がゼロ、つまりマヨネーズ並みの柔らかさであることが判明しました。

ひどい話なのは、防衛省は２０１６年にはこの事実を知っていたにもかかわらず、公表せず、２０１８年4月になって、反対派の住民が防衛省に情報公開請求したことにより、軟弱地盤の存在が初めて明らかになったことです。

防衛省は軟弱地盤の存在を隠したまま、２０１８年12月から埋め立て予定地に土砂の投入を始めています。

②膨れ上がる建設費

●政府は３５００億円と主張（軟弱地盤が見つかる前）。
●現在は９３００億円と変更。一方、沖縄県は2兆５０００億円と主張。
●防衛省が２０１８年12月から土砂投入を開始。

1工区（約１２６億円）　大成建設、五洋建設、國場組（那覇）のＪＶ[*22]
2工区（約73億円）　安藤・間と大豊建設、大米建設（那覇）のＪＶ
3工区（約72億円）　大林組と東洋建設、屋部土建（名護）のＪＶ

＊22　建設業における共同企業体。一企業では引き受けられない大規模な工事を複数の企業が請け負う仕組みのこと。

4工区（約6億円）　丸政工務店（金武）
5工区（約5億円）　北勝建設（名護）、東開発（名護）のJV

※本体準備工事の入札結果（予定価格は56億3558万円）

●大成建設　55億2000万円
●鹿島建設　60億2400万円（失格）
●清水建設JV　60億5000万円（失格）
●大林組JV　72億円（失格）

※工事は談合ではないのか？　すべて予定価格の1％未満

事業名	調査基準価格（予定価格）	落札額
●中仕切岸壁工事	145億9555万円	145億9560万円（99・99％）
●二重締切護岸工事	73億7112万円	73億7120万円（99・99％）
●傾斜堤護岸工事	9億　867万円	9億　880万円（99・86％）

埋め立て工事は、作業員に新型コロナウイルス感染者が出たことにより、2020年4月17日から約2カ月間中断しました。防衛省は中断していた期間の4月23日、沖縄県に設計変更を提出、この書面に基づいて、県に新たな許可を出すよう求めています。

設計変更によると、工事費は3500億円から9300億円へと2・7倍に膨張し、工費もこれから12年かかるというのです。すると完成は早くても2030年代ということになります。

普天間基地の危険性除去を理由に辺野古新基地の建設工事を始めたにもかかわらず、基地周辺の住民は、工事完成までさらに12年も騒音の被害やオスプレイが墜落するかもしれないという恐怖と向き合わざるを得なくなりました。

しかも、辺野古新基地が完成しても世界で例のない難工事なので、軟弱地盤が崩落したり、沈下したりする危険は消えません。最悪の場合、米海兵隊が辺野古新基地への移転を拒否し、普天間基地を使い続ける可能性も否定できません。

もはや、辺野古新基地は工事のための工事の様相を見せています。

それでも政府が辺野古新基地にこだわるのはSACOでの普天間変換合意から20年以上も経過し、米政府がいらだちを隠さなくなっていることが理由として挙げられます。

もうひとつ考えられるのは安倍首相がムキになっていたのではないか、と考えられることです。安倍首相は2017年7月に行われた東京都議会議員選挙最終日の秋葉原での演説の最中、「アベヤメロ」の声が響くと「あんな人たちに負けるわけにはいかない」とマイクで絶叫しました。

「あんな人たち」も国民です。首相は政治家として、すべての国民を等しく扱う責務があります。しかし、安倍氏は国民ばかりでなく、外国政府に対しても、敵と味方を区別して、敵とみなした相手を攻撃したり、排除しようとしたりする傾向がありました。

辺野古新基地に反対する人々は「あんな人たち」であり、意地でも工事を続行すると考えていたのではないでしょうか。

辺野古新基地は日本を代表する売り上げ1兆円以上のスーパーゼネコン（鹿島建設、清水建設、大成建設、大林組、竹中工務店）やゼネコン（五洋建設、安藤・間組など）と、沖縄の建設会社が工事を受注しています。

ＪＶというのはジョイント・ベンチャーといって、連携して工事を進める共同企業体のことです。辺野古新基地の建設工事では本土のゼネコンと沖縄の建設会社がＪＶを組むケースがあります。

ここに示した工事落札の様子は、本土のゼネコンがうまく工事を分け合っているようにみえること、また落札額が予定価格の99・99％という異常な高値となっていることを理解する必要があるので掲載しました。

工事はすべて入札方式ですから、防衛省が予定した価格に近い金額を提示した会社が落札します。それにしても99・99％という落札率は、予定価格が漏れたとしか考えられない数字です。

実は東京オリンピック・パラリンピックの建設工事でもゼネコンが受注した落札率は、１００％に近い場合が多いのです。

予定価格より低く落札すればするほど、工事費が節約できます。逆に落札率が１００％に近づけば近づくほど、企業のもうけが増えると同時に政府の支出も増えることになります。これらの数字を見て、みなさんはどう感じるでしょうか。

③名護市の稲嶺市政では３区に現金提供
「辺野古、豊原、久志」[*23]に年間１０００万～３０００万円
※２０１８年12月、渡具地《とぐち》武豊《たけとよ》市長の当選で中止（直接、市に米軍再編交付金）

＊23　名護市の久辺３区と呼ばれる集落。辺野古新基地に隣接している。

防衛省は、米軍再編による負担増を受け入れた自治体に「米軍再編交付金」の名目で政府のカネを渡しています。

名護市も島袋吉和《しまぶくろよしかず》市長は辺野古新基地の受け入れを表明したので米軍再編交付金を受け取ることができました。ところが２０１０年、「辺野古新基地反対」を公約に掲げた稲嶺進《いなみねすすむ》氏が当選すると、防衛省は米軍再編交付金の支払いをストップしました。

そして辺野古新基地に隣接する辺野古、豊原、久志の３地区に直接、年間１０００万円から３０００万円の米軍再編交付金を支払うことにしたのです。

しかし、２０１８年の選挙で稲嶺氏が落選し、辺野古新基地を容認する立場の渡具知《とぐち》武《たけ》豊《とよ》氏が当選すると、防衛省は再び名護市に対して米軍再編交付金を支払うことにしたのです。

防衛省が国のカネを使って、地方自治体を言いなりにさせる例は珍しいことではありません。

例えば、山口県岩国市の場合、米軍再編で決まった普天間基地からの空中給油機の移転受け入れを拒否した井原勝介《いはらかつすけ》市長は、防衛省が支払いを約束していた岩国市庁舎の耐震工事費の支払いをストップされました。

２００８年の選挙で井原氏が落選し、空中給油機の移転を容認した福田良彦《ふくだよしひこ》氏が当選すると、再び耐震工事費の支払いを再開しています。

「アメとムチ」。これが防衛省の地方に向き合う態度なのです。

防衛省のやり方を支持する人の中には、「安全保障は国の専権事項であり、地方は口を差し挟むべきではない」という意見があります。しかし、国は国民があってこそ国です。そして日本国憲法は国民主権を定めています。国民の反対を押し切ってでも強行する理由があるのか、慎重に考える必要があります。

[資料3－4] 米側は米軍再編合意を守っていない
①来ないことになった第1軍団[*24]
②キャンプ座間で第1軍団フォワードが発足（300人が3人、防衛省は70人と発表）
③骨抜きになった第5空軍
※米軍再編では変化なしのはず

これまで普天間基地移設を中心に沖縄の基地問題を説明してきました。終盤は米軍再編のその後をお伝えします。

日米合意した米軍再編中間報告は「米陸軍司令部能力の改善」として「キャンプ座間の在日米陸軍司令部の能力は、展開可能で統合任務が可能な作戦司令部組織に近代化される」とあります。また最終報告は中間報告を受けて「キャンプ座間の米陸軍司令部は、2008米会計年度までに改編される」と書かれています。

「統合任務が可能な作戦司令部組織」には米軍の基準で中将以上の指揮官が必要になります。日米の議論では、中将がトップの米ワシントン州フォートルイスにある第1軍団司令部のキャンプ座間移転が予定されていました。

＊24　米陸軍の軍団のひとつ。必要に応じてインド・太平洋地域に出撃する。司令部はワシントン州フォートルイスにある。

しかし、2008年に改編が実施された結果、第1軍団司令部がやってくることはなく、「第1軍団の出先」を意味する「第1軍団フォワード」が新編されただけで終わりました。防衛省は周辺自治体に「米兵が300人増える」と説明してきましたが、実際にフォートルイスからやってきた米兵は3人だけでした。

「虎が来ますよ」と宣伝しておきながら、やってきたのは「猫だった」というオチです。

また米軍は当初案の段階で断念したはずの横田基地にある米空軍第5空軍の大半をグアム島に移転させ、横田基地に残った第5空軍は「空軍」とは名ばかりの骨と皮だけの組織になりました。

ことほど左様に米軍は日米合意を守っていないのです。その一方で日本政府は辺野古新基地に代表されるように、地元の反対を押し切ってでも米軍再編の合意事項の実施を進めています。

米軍再編とは、日米両政府による「同床異夢」だったのかもしれません。

第4回　多様化する自衛隊活動

［資料 4］ 多様化する自衛隊活動

1　防衛出動はゼロ

第４回の授業にあたる今回は「資料４　多様化する自衛隊活動」について、勉強します。この授業では自衛隊活動の全体像について概観していきます。

第１回の授業で「憲法と自衛隊」について学習しました。憲法の条文には「自衛隊」の文字は一度も出てこないにもかかわらず、なぜ、政府が合憲としてきたのか、その理由について解説しました。

ちょっとだけ、振り返ってみましょう。まず、最近の政府の説明です。

「憲法前文で確認している『国民の平和的生存権』や憲法第13条が『生命、自由及び幸福追求に対する国民の権利』は国政の上で最大の尊重を必要とする旨定めている趣旨を踏まえて考えると、憲法第９条が、わが国が自国の平和と安全を維持し、その存立を全うするために必要な自衛の措置を採ることを禁じているとは到底解されません」

つまり、憲法前文や憲法第13条の定めがあるのだから、第９条で（戦争の放棄）（交戦権の否認）（軍隊の不保持）を定めていても「必要な自衛の措置」を取ることは許されるとしているのです。

そして「必要な自衛の措置」を取る組織である自衛隊は「我が国を防衛するための必要最小限度の実力組織」なので合憲であると断定しています。

ガラス細工を思わせる繊細な憲法解釈ですが、「その存立を全うするために」の部分を除いた前記の政府見解は、長年にわたる国会論議の結果、わが国の規範となってきたものです。

その憲法解釈は2014年7月、安倍晋三政権の閣議決定により、一方的に覆されました。集団的自衛権の行使を一部解禁し、戦闘地域における外国軍の支援も可能としたのです。この閣議決定は、15年9月に強行採決された安全保障関連法（安保法制）によって合憲・合法化され、自衛隊の活動は、過去の政権なら憲法違反とされる活動にまで広がっています。

こうした手法は、2020年1月、東京高検の黒川弘務《くろかわひろむ》検事長の定年を閣議決定によって延長し、その閣議決定の内容を合法化するため、今度は検察庁法改正案を強引に成立させようとした安倍政権の姿勢と何ら変わるところはありません。

ちなみに検察庁法改正案の問題点は、63歳になると地方検察庁のトップである検事正や全国に8カ所ある高等検察庁のトップ検事長、最高検察庁のNO2・次長検事の幹部ポストを退かなければいけない「役職定年」を新設する一方で、内閣が「続投」と判断すれば、役職定年を最大3年間延長できる特例が盛り込まれることです。

すると時の政権がお気に入りの検事を続投させて、自分たちに不利になる事件の捜査をしないよう仕向けることが可能になります。そうなれば検察の独立は大きく揺らぎます。

「三権分立を破壊する」との批判が出たのはそのためです。

ツイッターなどでの強い反発を受けて、安倍政権は２０２０年の通常国会での成立を断念しましたが、定年特例を撤回することなく法案を継続審議とし、次期国会での成立を期すとしています。「法をねじ曲げてでも、やりたいことをやる」という基本姿勢は最後まで変わりませんでした。

時事問題の解説はこの程度にして、本日は、自衛隊の組織やあり方を定めた自衛隊法から見ていきましょう。

【資料４】多様化する自衛隊活動

［資料４－１］自衛隊の任務

〈自衛隊法〉

第３条　自衛隊は、我が国の平和と独立を守り、国の安全を保つため、我が国を防衛することを主たる任務とし、必要に応じ、公共の秩序の維持に当たるものとする。

２　自衛隊は、前項に規定するもののほか、同項の主たる任務の遂行に支障を生じない限度において、かつ、武力による威嚇又は武力の行使に当たらない範囲において、次に掲げる活動であって、別に法律で定めるところにより自衛隊が実施することとされるものを行うことを任務とする。

一　我が国の平和及び安全に重要な影響を与える事態に対応して行う我が国の平和及び安全の確保に資する活動

二　国際連合を中心とした国際平和のための取組への寄与その他の国際協力の推進を通じて我が国を含む国際社会の平和及び安全の維持に資する活動

3　陸上自衛隊は主として陸において、海上自衛隊は主として海において、航空自衛隊は主として空においてそれぞれ行動することを任務とする。

［資料4－2］安全保障関連法制定以前の条文

〈自衛隊法〉

第3条　自衛隊は、我が国の平和と独立を守り、国の安全を保つため、直接侵略及び間接侵略に対し我が国を防衛することを主たる任務とし、必要に応じ、公共の秩序の維持に当たるものとする。

2　自衛隊は、前項に規定するもののほか、同項の主たる任務の遂行に支障を生じない限度において、かつ、武力による威嚇又は武力の行使に当たらない範囲において、次に掲げる活動であって、別に法律で定めるところにより自衛隊が実施することとされるものを行うことを任務とする。

一　我が国周辺の地域における我が国の平和及び安全に重要な影響を与える事態に対応して行う我が国の平和及び安全の確保に資する活動

二　国際連合を中心とした国際平和のための取組への寄与その他の国際協力の推進を通じて我が国を含む国際社会の平和及び安全の維持に資する活動

3　陸上自衛隊は主として陸において、海上自衛隊は主として海において、航空自衛隊は主として空においてそれぞれ行動することを任務とする。

自衛隊法第3条は自衛隊の任務を定めた条文です。第3条によると、自衛隊の任務は「我が国を防衛すること」と明記していますが、どのような事態から日本を守るのか、あいまいだと思いませんか。

安倍政権が安全保障関連法を制定したことにより、10本の既存の法律が改正され、1本の新法が成立しました。ここに示した自衛隊第3条は改正された法律の一部です。

改正される前の自衛隊第3条には、「我が国を防衛すること」の前に「直接侵略及び間接侵略に対し」という言葉が入っていました。

直接侵略とは、国家の正規軍が他国の領域に侵攻し、最終的には占領することを意味します。また、間接侵略とは、外国の指導や教唆により、国内の武力集団などが反乱、内戦などを引き起こすことを意味します。

つまり改正前の条文は「侵略から我が国を防衛すること」と自衛隊の任務を定義していたのです。そこから侵略を削ってしまったのですから、自衛隊は侵略を受けた場合に限らず、幅広く、「我が国を防衛すること」になりました。

安保法制は、他国で発生した武力行使が日本の存立を脅かす場合、自衛隊は他国に対する武力行使であっても、海外で武力行使することができる、という趣旨が盛り込まれたので、「直接侵略および間接侵略に対し」の部分を削ったのです。

2項の一の冒頭にあった「我が国周辺の地域における」を削除したのも同じ理由です。安保法制により、自衛隊の活動は地理的制約が撤廃されたからです。

この自衛隊法第3条の改正をみると、もはや自衛隊は「専守防衛」の国是から外れたと考えられませんか。安保法制に対し、「憲法違反」との批判が根強いのはそのためです。これまで、全国の25カ所の裁判所で安保法制違憲訴訟が提起されました。

次に「自衛隊の行動」に移ります。

[資料4－3] 自衛隊の行動
〈自衛隊法76条～86条〉

1 防衛出動（発動はゼロ）
2 治安出動（同）
3 海上保安庁の統制（同）
4 自衛隊施設などの警備出動（2001年米同時多発テロ[*1]を受けて追加）
5 海上警備行動
〈例・能登半島沖不審船事件（1999年）、中国人民解放軍の漢（ハン）級原子力潜水艦領海侵犯事件（2004年）、ソマリア沖の海賊対処（2009年）〉
6 海賊対処行動（2009年海賊対処法の制定を受けて追加）
7 弾道ミサイル破壊措置（2003年閣議決定、04年大綱、中期防）
8 災害救援
9 地震防災派遣
10 原子力災害派遣
11 領空侵犯措置

＊1 2001年9月11日、テロリスト集団「アルカイダ」によって4機の民間旅客機がハイジャックされ、うち2機が世界貿易センタービルに、1機が米国防総省に突っ込んだ。2977人が死亡し、25000人以上が負傷した。米国史上最悪の事件。

12　機雷除去
13　在外邦人輸送（2013年アルジェリアのテロで陸上輸送を追加）
14　後方地域支援（安全保障関連法により周辺事態が重要影響事態へ、国際平和共同対処事態へと拡大）

まず「1」の防衛出動です。

わが国は、他国から侵略を受けたことがないので、自衛隊が応戦する場面はありませんでした。したがって防衛出動の回数はゼロです。しかし、安保法制により、防衛出動は他国に対する武力行使に関しても発令可能となったので、将来は海外の戦争にもかかわらず自衛隊が防衛出動を命じられる可能性が出てきました。

「2」の治安出動も一度も発令されたことがありません。本来、国の治安を担うのは警察の役割です。しかし、警察の手に負えない事態になった場合、警察よりも強力な武器を持つ自衛隊の出番となることが自衛隊法で規定されているのです。

過去には一度だけ治安出動が検討されたことがありました。

1960年、日米安保条約が旧条約から現行の条約に改正されました。同年5月20日、条約改正の批准に反対する野党に対し、岸信介《きしのぶすけ》首相は強行採決で押し切りました。国会周辺では強行採決に反対する激しいデモが繰り返され、6月15日には東大生の樺美智子《かんばみちこ》さんが死亡、多数の負傷者が出ました。

岸首相は当時の赤城宗徳《あかぎむねのり》防衛庁長官に対し、自衛隊の治安出動を求めましたが、赤城氏は「治安出動すれば、自衛隊が国民の敵になってしまう」と考え、治安出動の発令を拒否したと言われています。

「3」の海上保安庁の統制は、海の警察である海上保安庁には約450隻の巡視船・艇があり、日本が他国から侵略を受ける事態になった場合、自衛隊の統制下に入れるという意味です。しかし、日本は防衛出動を発令する事態になったことはないので、自衛隊が海上保安庁の統制をしたことはありません。

「4」の自衛隊施設などの警備出動は、2001年の米同時多発テロを受けて追加されました。当初、防衛庁は政権中枢の警備を想定していましたが、警察の権限縮小につながると考えた警察庁や警察庁OBの国会議員らの強い反対により、実現しませんでした。警備できる範囲は狭くなり、自衛隊施設および在日米軍施設に限定されました。

2　海上警備行動で中国原子力潜水艦を追跡

「5」の海上警備行動は、海上保安庁では手に負えない事態が発生して、初めて発令されます。発令は過去に3回あります。順に説明していきます。

1999年3月、能登半島沖にある日本海の漁場「大和堆《やまとたい》」に日本の漁船を装った北朝鮮の不審船2隻[*2]が現れました。海上保安庁の巡視船がこの2隻を追跡しましたが、途中、燃料切れで追跡不能となりました。政府は追跡を続行させる必要から、自衛隊に海上警備行動を発令。海上自衛隊の護衛艦3隻は日本海の途中まで不審船の追跡を続けましたが、防衛庁は深追いすると北朝鮮との間で武力衝突に発展するおそれがあると判断し、追跡を途中で断念しました。

２００４年11月、潜水したまま日本の領海に侵入した中国海軍の漢級原子力潜水艦[*3]に対し、海上警備行動が発令されました。

漢級潜水艦は青島《チンタオ》港を出港し、太平洋に進出してグアム島を潜ったまま周回し、帰国の途に就きました。太平洋から東シナ海に入るところで、宮古島と多良間島の間の日本領海を潜ったまま通過したので領海侵犯となり、自衛隊に海上警備行動が発令されました。

海上自衛隊の護衛艦、哨戒機は漢級潜水艦を2日にわたって追尾し、領海侵犯のおそれがないと判断した時点で追跡を終えました。

この説明で何か疑問はありませんか。なぜ中国の潜水艦の動きが逐一わかったのでしょうか。

米国は中国、ロシア、北朝鮮の基地などの様子を探るために多くの偵察衛星を打ち上げています。

漢級潜水艦が青島港から出港する様子は、米国によって宇宙から偵察衛星が撮影した画像でわかり、次に米軍は、東シナ海の海底に常時潜んでいる米海軍の原子力潜水艦に追尾を命じたのです。米原潜は漢級潜水艦が出港したときから追尾を始め、グアムを周回する

＊2　海上自衛隊の哨戒機が「第一大西丸」「第二大和丸」と記された船を発見したが、どちらも該当せず、漁船にしてはアンテナが多い、船尾に観音開き扉があるなどの不審な点が数多く見つかった。

＊3　中国人民解放軍海軍が１９７０年代から運用中の攻撃型原子力潜水艦。ＮＡＴＯコードネームは漢王朝から名付けられた漢級（Han Class）。

様子を確認しても追跡を続け、漢級潜水艦が日本領海を侵犯する直前になって、米政府から日本政府に情報提供があったのです。

米国の原潜は、冷戦時代、オホーツク海の海底に潜み、ソ連原潜の動向を探り、現在は中国原潜の動向を探るべく、南シナ海や東シナ海の海底に潜んでいます。

時折、その米原潜が沖縄や佐世保、横須賀の米軍基地に寄港するので、「日本まで来る理由は何なのだろう」と不思議に思う人もいますが、日本に寄港する米原潜は、ほぼ例外なく、中国原潜の監視をしているのです。

次に3回目の海上警備行動の説明です。

その地形から「アフリカの角」と呼ばれるアフリカ大陸の北東部。ここに位置するソマリアは破綻国家となり、多くの若者が海賊となりました。彼らは民間船舶を乗っ取り、身代金を要求するのです。こうした海賊事案が２００７年からソマリア沖やアフリカ大陸とアラビア半島に挟まれたアデン湾で頻発しました。

２００９年3月、日本政府はソマリア沖・アデン湾における海賊対処のための海上警備行動を発令し、同月のうちに海上自衛隊の護衛艦2隻がアデン湾へ向けて出港していきました。

同年6月に海賊対処法が成立したのを受けて、自衛隊活動の根拠法が海上警備行動から海賊対処法に切り替わりました。これが「6」の説明です。

その後、防衛省はアフリカのジブチ[*4]に海賊対処のための初の海外基地を起き、哨戒機の拠点とし、現在に至るまで海賊対処活動を続けています。

＊4　アフリカ北東部に位置する共和制の国。元宗主国はフランス。

「7」の弾道ミサイル破壊措置は、米国が開発したミサイル防衛システムを小泉純一郎政権が2003年12月の閣議で導入を決めたところから始まります。

日本のミサイル防衛システムは、飛来する弾道ミサイルを洋上のイージス護衛艦[*5]で迎撃し、撃ち漏らした場合、地上配備した迎撃ミサイル「PAC3[*6]（パック3）」で対処する2段階方式です。

大幅な装備品（自衛隊の武器類のこと）の変更となり、翌04年12月に日本防衛の指針である「防衛計画の大綱」と5年間の自衛隊の装備品購入計画の「中期防衛力整備計画」が改定されました。

2005年に自衛隊法が改正され、破壊措置命令が追加されました。これは飛来する弾道ミサイルを迎撃するため防衛大臣が首相の承認を得て、自衛隊に発令します。

北朝鮮が盛んに弾道ミサイルを試射した2016年8月から破壊措置命令は命令を出しっ放しにする「常時発令」の状態となり、3カ月ごとに命令は更新されています。

ところで飛来する弾道ミサイルはミサイル迎撃システムで破壊できるでしょうか。

イージス護衛艦は、弾道ミサイル対応艦が4隻から8隻に増えつつあります。しかし、1隻あたり迎撃ミサイルは8発しか搭載していません。飛来する弾道ミサイル1発に対し、2発の迎撃ミサイルを発射するので、仮に8隻が8発全部発射したとしても、32発の弾道ミサイルしか迎撃できないことになります。

（もっとも護衛艦は、任務、修理、訓練という3つのローテーションで動いているので、常時、任務に活用できるのは保有数の3分の1ということになります。イージス護衛艦の場合、8隻の

＊5　高性能レーダーと高度な情報処理・射撃指揮システムにより、200を超える目標を追尾し、10個以上の目標を同時攻撃する能力を持つ戦闘艦艇。米海軍は空母護衛のために開発し、米軍と自衛隊はミサイル防衛にも活用している。

＊6　飛来する弾道ミサイルを着弾間近のターミナル段階で迎撃するミサイル。

うち、最大で3隻程度が任務に就くことになります）

一方、防衛白書によると、北朝鮮は日本を射程に収める弾道ミサイルを数百発保有しているので、北朝鮮から飛来する弾道ミサイルを32発撃ち落とすことができても焼け石に水です。

最後はＰＡＣ３頼みとなりますが、ＰＡＣ３の防御範囲は直径50キロメートルに過ぎず、しかも発射機は全国で34基しかありません。日本全体が破れ傘で守られているようなもので、仮に北朝鮮が全力で日本に弾道ミサイルを発射するとすれば、かなりの数が日本列島に落下します。

さらに北朝鮮は２０１９年5月以降、さまざまなタイプの新型ミサイルを発射する中で、巡航ミサイルといって宇宙空間に飛び出すことなく、低空飛行を続けて、最後に再び上昇して目標に当たるタイプも発射しています。

米国で開発されたミサイル防衛システムは、放物線を描いて落下してくる弾道ミサイルにしか対応できないため、巡航ミサイルが日本に飛来した場合、自衛隊のミサイル迎撃システムでは対応できません。配備を断念して話題になったイージス護衛艦のシステムを地上に置く「イージス・アショア」も同様に無力です。

そのほか北朝鮮は弾道ミサイルの連射や多弾頭化など、ミサイル迎撃システムでは対応できなくなるような工夫を続けています。ただし、北朝鮮が日本にミサイルを撃ち込んでくるかどうかは別の話です。

ミサイルが矛（ほこ）だとすれば、ミサイル迎撃システムは盾（たて）にあたります。

矛と盾、これを組み合わせたのが中国の故事「矛盾」です。

「この矛で打ち破れない盾はない。この盾で防げない矛はない」と言って矛と盾を売っていた商人に対し、客が「それならば、その矛でその盾を突いてみろ」と返したのです。

矛盾は、つじつまが合わないことを指します。ミサイルとミサイル防衛システムの関係も同じです。強いミサイルは強固なミサイル防衛システムで迎撃されることがわかると、いっそう強力なミサイルが開発され、ミサイル防衛システムを打ち破ろうとします。それでは困るので今度はミサイル防衛システムをさらに強固にする……話はいつになっても終わりません。

日本政府はこのようなミサイル防衛システムの導入に2兆円近い防衛費を使いました。ちなみにイージス艦とＰＡＣ３という2段階のミサイル防衛システムを米国から購入したのは世界でも日本だけです。他国は限られた国防費をより有効に活用しています。

3　圧倒的に多い災害救援

みなさんが活動中の自衛隊を見かけるとすれば、「８」の災害救援や「９」の地震防災派遣の場面が圧倒的に多いのではないでしょうか。

大規模災害に際し、自衛隊は都道府県知事の要請を受けて災害救援に出動します。２０１５年から19年までの出動回数を見ると、５４１回、５１５回、５０１回、４３０回、４４７回となっています。

つまり年間５００件前後、自衛隊は災害救援で出動しているのです。

「10」の原子力災害派遣では原発事故が発生した場合の自衛隊の活動です。本来、想定されているのは住民の輸送や除染などですが、２０１１年に発生した東日本大震災に伴って起きた福島第１原発事故では、原子炉を冷却するため、大型ヘリコプターから海水を落下させる活動に従事しました。

高い放射線を避けるため乗員は防護服に身を包み、ヘリコプターの下部にチタンを張り、さらに防護用の鉄板を引く工夫をしました。しかし、落下させた海水は毎回、空中で霧散し、原子炉冷却の役には立ちませんでした。

のちに当時の北澤俊美《きたざわとしみ》防衛相はＮＨＫのインタビューで「米政府に日本政府のやる気を見せることが重要だった」と述懐しています。

福島第１原発は非常用電源が津波で流され、メルトダウンして大量の放射線が外部に漏れました。冷却水が完全になくなっていれば、東日本は全滅という事態にもかかわらず、東電や日本政府の煮え切らない態度に米政府はいらだちを強めていました。

最悪の事態の前に日本政府を飛び越えて、直接、米政府が原発対処に乗り出すかもしれない。そうなれば、日本政府の立場はなくなる。世界中から「日本は主権国家なのか」と批判され、物笑いのタネになると日本政府が考えて、自衛隊に無茶な命令を出したのです。

その結果、米政府は日本政府のやる気を感じ取り、対応を任せようという空気になったと北澤氏は述べています。

「11」の領空侵犯措置は、日本の領空を侵犯しようとする外国の航空機に対し、航空自衛隊の戦闘機が緊急発進して未然に領空侵犯を防ぐことです。

日本政府は緊急発進の目安となる防空識別圏[*7]（Air Defense Identification Zone ＝ＡＤＩＺ）を定めています。この防空識別圏へ向かって飛来する外国の航空機の機数、速度、進行方向を総合的に判断して、戦闘機が緊急発進します。多くの場合、緊急発進を受けて、他国の航空機は進行方向を変えて、事なきを得ます。

２０１９年度の緊急発進回数は９４７回でした。対象国の割合は、中国機約71％、ロシア機約28％、その他約１％未満でした。

緊急発進は、複数の戦闘機基地から行われるので９４７機が日本に急接近したという意味ではありません。１機の外国機に対し、複数回の緊急発進が実施されることもあります。

過去には一度だけ、領空侵犯した外国機に対して航空自衛隊の戦闘機が警告射撃をしたことがあります。

冷戦時代の１９８７年12月９日、ソ連の爆撃機が沖縄に近づいたため、航空自衛隊の戦闘機が緊急発進し、針路を変更するよう命じました。しかし、爆撃機は沖縄の上空を領空侵犯したため戦闘機は警告射撃を実施、爆撃機は一度、領空外へ出たものの、再び沖永良部島・徳之島上空の領空へ侵入したため、戦闘機も再び警告射撃をしました。

警告射撃とは、相手に向かって発砲することではなく、相手の横に並んで前方に向かって射撃することです。航空自衛隊は、警告射撃ではなく「信号射撃」と呼んでいます。

＊7　日本周辺を飛行する航空機をレーダーで識別し、対領空侵犯措置を有効に実施するために、わが国周辺を囲むような形で設定された空域。

「12」の機雷[*8]除去です。

太平洋戦争で米国は日本の港湾や周辺海域に1万個以上の機雷（海の爆弾のこと）を敷設しました。自衛隊は不発弾となって、今も残っている機雷を除去しています。

この不発弾処理とは異なる活動もありました。

1991年、クウェートに侵攻したイラクを退去させるため国連決議に基づいて、多国籍軍が参加する湾岸戦争が起こりました。日本は憲法9条により、海外での武力行使を禁止されているので戦闘部隊を派遣することはしませんでした。

しかし、国会では与党を中心に国際貢献の必要性が叫ばれ、戦争が終わったあとの同年4月、掃海艇など6隻がペルシャ湾へ派遣され、イラクが敷設した機雷の除去にあたりました。

これが自衛隊にとって最初の海外派遣になります。翌92年には国連平和維持活動（PKO）協力法が制定され、陸上自衛隊のカンボジアPKOへの派遣を皮切りに本格的な自衛隊海外派遣が始まります。

「13」の在外邦人輸送は、危険が差し迫った外国にいる日本人を自衛隊が艦艇や航空機で安全な国や地域へ輸送することです。過去に4回の実施例があります。

①自衛隊のイラク派遣に際し、現地が治安悪化し、2004年4月15日、自衛隊が派遣されていた南部サマワで取材をしていた報道機関の日本人10人を航空自衛隊の輸送機でイラクまで輸送しました。

②2013年1月16日、アフリカ北部のアルジェリアで日揮の石油プラントが武装勢力

＊8　艦船が接近、または接触したとき、自動または遠隔操作により爆発する水中兵器。

に襲撃され、日本人が巻き込まれて死亡。日本政府は政府専用機を派遣して、日本人の遺体9体とその家族ら日本人7人を日本に輸送しました。

③2016年7月1日、バングラデシュの首都ダッカのレストランが襲撃を受け、日本人が死亡。政府は政府専用機を派遣して、日本人7人の遺体とその家族を日本に輸送しました。

④アフリカの南スーダンにおける大統領派と副大統領派の戦闘激化を受け、2014年7月、航空自衛隊の輸送機を派遣して大使館職員4人を首都ジュバからジブチまで輸送しました。

過去には航空機の輸送のみが実施されていますが、2013年に起きたアルジェリアのテロを受けて自衛隊法が改正され、陸上輸送が追加されました。

しかし、いずれの国も自国の治安は警察が担っています。したがって、自衛隊を派遣して日本人を輸送しようにも相手国政府が自衛隊の受け入れを認めなければ、実施できません。港湾や空港は入国するまでは、まだ外国なので、艦艇や航空機は比較的簡単に派遣できますが、港湾や空港から外へと踏み出せば、そこは当該外国政府の領域となります。したがって、事件に対応して陸上輸送を追加したものの、実効性には疑問符が付いています。

「14」の後方地域支援は、安保法制が施行されて追加された活動です。後方地域支援というのは、戦闘正面で戦う軍隊に対して、必要な物資（武器、弾薬、食糧、燃料など）を提供したり、輸送したりすること。他国の軍隊の場合、兵站《へいたん》といわれています。

安保法制が制定される前までは、武力行使の一体化にあたる可能性のある項目の後方地域支援は禁止されていましたが、安保法制によって大幅に制約は緩められました。これにより自衛隊はいっそう危険な戦闘地域（ただし外国の戦闘地域）での活動が可能となりました。どのような事態であれば可能かは、政府が重要影響事態もしくは国際平和共同対処事態と認定した場合です。

4　災害派遣の制約と限界

次に主な活動を見ていきます。

［資料4－4］主な活動

（1）災害派遣（災害救援、地震防災派遣、原子力災害派遣）

災害派遣は、都道府県知事などが、災害に際し、防衛大臣または指定する者へ部隊などの派遣を要請し、要請を受けた防衛大臣などが、事態やむを得ないと認める場合に派遣することを原則としている。（令和元年防衛白書）

①災害救援

平成29（2017）年度の災害派遣総数501件のうち、401件が急患輸送であり、南西諸島（沖縄県、鹿児島県）や小笠原諸島（東京都）、長崎県の離島などへの派遣が大半

を占めている。（同前）

②熊本地震（2016年4月　統合任務部隊（JTF）編成）

本震後の4月16日、04時55分　陸災部隊（人員約13000名）、海災部隊（人員約1000名）、空災部隊（人員約1000名）により人命救助活動等を実施。

西部方面総監部に「日米共同調整所」を設置。

※安倍首相の急な心変わり？「直ちに米軍の支援が必要ではない」（17日08時30分）→「ただちに実施したい」（同日11時00分）

5月9日、統合任務部隊の編制解除。2万1000人体制から西方中心の1万3000人体制へ縮小

※米軍オスプレイの活用めぐり、政治利用などの批判と反論

③米軍との連携

東日本大震災で「トモダチ作戦」（2011年3月12日～4月20日）

米海軍、海兵隊、空軍が連携し、統合軍の形態で活動。2万4000人の将兵、190機の航空機、24隻の艦艇が参加した。3月25日からは在ハワイの常設司令部組織JTF519が横田基地へと移動し、統合支援部隊（Joint Support Force）として指揮を執った。

〈仙台空港を復旧させたのは誰なのか？〉

〝ARIGATOに感動　トモダチ作戦参加の米大佐〟

東日本大震災で米軍が展開した「トモダチ作戦」に参加したトス空軍大佐（沖縄県・嘉手納基地所属）が15日、米ワシントンの記者団と電話で会見した。仙台空港上空を飛行中、浜辺で木を並べた「ＡＲＩＧＡＴＯ（アリガトウ）」の文字、在日米軍提供＝に気づき、日本人の感謝の心に感動したと振り返った。

大佐は３月16日早朝から仙台空港の復旧に自衛隊とともに着手。同20日には輸送機が着陸できる状態まで復旧させた。（２０１１年４月17日／朝日新聞）

東北方面総監[*9]　君塚栄治氏「仙台空港では米軍だけでなく日本の建設会社も活躍した。前田建設工業グループの前田道路を中心に、米軍が入る前に大量の重機を持ち込み、滑走路の半分の１５００㍍分のがれきを撤去。米軍機が着陸できるようにした。米軍は残りを取り除きターミナルを復旧。管制システムを持ち込み運航可能にした。米軍、調整役の自衛隊、日本の建設会社、空港事務所の共同作業だ」（２０１１年７月14日／日本経済新聞夕刊）

④トモダチ作戦の後……

２０１２年12月21日、空母「ロナルド・レーガン」[*10]の兵士８人が南カリフォルニア連邦地裁に第１次提訴。その後、約４００人が東電、ＧＥ（ジェネラル・エレクトリック社）、東芝、日立など４社を相手にして集団訴訟。２０１４年４月には30代のヘリコプター整備士が骨膜肉腫で死亡し、９月には20代の兵士が白血病で死亡、これまで６人が亡くなっている。

＊９　陸上自衛隊にある５個（北部、東北、東部、中部、西部）方面隊のひとつのうち、東北６県の防衛・警備、災害派遣、民生協力を担当する東北方面総監部の指揮官（陸将）。

＊10　米海軍のニミッツ級航空母艦の９番艦。横須賀基地を事実上の母港とする。

⑤災害派遣時の問題点

●自衛隊に与えられた権限の限界。

●被災地域と部隊のミスマッチ。

●防災意識の欠如。

●米軍の参加は必要性より重要性か。

⑥原子力災害派遣の実施

緊急時モニタリング支援、被害状況の把握、避難の援助、行方不明者等の捜索救助、消防活動、応急医療・救護、人員及び物資の緊急輸送、緊急時のスクリーニング及び除染、その他。

※福島第一原発では「最終手段」として投入

2019年度の災害救援を見ると、総数447件のうち、365件が急患輸送でした。南西諸島（沖縄県、鹿児島県）や小笠原諸島（東京都）、長崎県の離島などへの派遣が大半を占めています。

②の熊本地震は2016年4月16日に発生した熊本県と大分県を震源地とする震度7の地震の際の自衛隊、米軍の対応について書いてあります。

詳しく書いてあるので、あらためて説明はしませんが、「統合任務部隊」とは、陸海空の3自衛隊を束ねて運用する組織のことです。東日本大震災で初めて「統合任務部隊」が編成され、陸上自衛隊東北方面総監（仙台市）が指揮官になりました。

熊本地震では、西部方面総監[*11]（熊本市）が指揮官になりました。陸海空の３自衛隊が重複した災害救援をしたり、３自衛隊の間にすっぽり落ちて支援の手が届かないことがないようにしたりする狙いがあります。

「日米共同調整所」とは、在日米軍が災害救援を手伝ってくれることがあり、日米で重複などを避ける狙いから連絡調整を行う臨時の機関のことです。

熊本地震では途中から在日米軍が参加しましたが、最初、安倍首相は「ただちに米軍の支援が必要ではない」（17日08：30）と言ったにもかかわらず、２時間半後には、なぜか「ただちに実施したい」と言葉を変え、結局、在日米軍の支援を受けることになりました。（同日11：00）

米軍は沖縄の普天間基地からオスプレイが派遣され、多くの報道陣が取材に駆け付けました。陸上自衛隊がすでに購入することを決定していたため、事故続きで危険なオスプレイのイメージを払拭する狙いがあったとみられています。

③の米軍との連携とは、日米連携の困難さについて説明しています。

東日本大震災では米軍が「トモダチ作戦」と称して、被災地に入り、災害救援にあたりました。その際、「せっかくやって来る米軍」の顔を立てるため、仙台空港で日本の土建会社が進めていたガレキの除去を一度ストップし、米軍に仕事を残した、との実話を説明しています。

＊11　陸上自衛隊にある５個（北部、東北、東部、中部、西部）方面隊のひとつのうち、九州・沖縄の防衛・警備、災害派遣、民生協力を担当する西部方面総監部の指揮官（陸将）。

④のトモダチ作戦の後…は、読んだ通りです。
米軍は韓国との共同演習に向かっていた空母「ロナルド・レーガン」（当時は横須賀配備ではない）が途中、災害救援のため、行き先を変更し、福島第一原発の沖合に碇泊しました。軍の艦艇は艦内で使う水は海水を真水化することで活用しています。

すでに明らかな通り、福島第1原発からは大量の放射線が外に漏れ、太平洋に流れ出していました。

「ロナルド・レーガン」の乗組員は、空気中だけでなく、海水からも放射線を浴びる結果になったと考えられます。原爆症を引き起こした乗組員のうち8人が南カリフォルニア連邦地裁に第1次提訴。その後、約400人が東電、GE、東芝、日立など4社を相手にして集団訴訟を続けています。

米軍は「トモダチ作戦」を展開する一方で、米軍の家族の被ばくを避けるため、沖縄の海兵隊による日本からの大量退去を実施し、短期間のうちに本土や沖縄の米兵家族7000人が避難していきました。
この事実は米国防総省の準機関紙「星条旗」[*12]に掲載されています。関連URLは、以下の通りです。
[https://www.stripes.com/news/pacific/japan/military-wraps-up-first-round-of-departures-from-japan-1.138869#.WQjt61K1tdg]
[https://www.stripes.com/news/pacific/japan/expert-info-released-to-public-on-

＊12　米軍の準機関紙。米軍と米兵に関する記事を中心に掲載し、講読層は世界中に展開する米兵と退役軍人。本部は首都ワシントン。日本支部は都内の米軍基地「赤坂プレスセンター」にある。

radiation-too-confusing-1.139200#.WQjvzVK1tdg]

[https://www.stripes.com/news/space-a-flights-available-to-those-who-didn-t-leave-japan-under-departure-program-1.139552#.WQjwB1K1tdg]

⑤の災害派遣時の問題点は、東日本大震災などを通じて浮上した課題を列挙してあります。

「自衛隊に与えられた権限の限界」とは、東日本大震災で実際に現場の自衛官たちが実感したことを私が聴き取り、まとめたものです。

東日本大震災では多くの家屋が倒壊しました。自衛隊はグラップルなどの重機を活用してガレキの除去を行いましたが、倒壊した家屋のガレキを除去しても、除去したガレキを集積場へ運び込むことはできません。

なぜなら自衛隊の活動は、民業を圧迫してはならないという原則があるからです。

自衛隊の災害救援には、「緊急性、公共性、非代替性」の3つが揃うことが原則となっています。とくに非代替性は民間ではできない仕事であることが重要です。

ガレキの除去は、行方不明者の捜索を理由に実施可能ですが、これを集積場に運ぶ行為は民間の輸送業者らの仕事を奪うことになり、できないのです。

不合理な印象を受けませんか。被災地はいずれ復興へと動き出すのですから、誰がガレキを片づけてもよさそうなものです。民間業者の活動を待っていては、復興が遅れるかもしれません。

「米軍の参加は必要性より重要性か」は、見てきた通りです。日米安保条約に基づく密接な関係を災害時にまで強調することにより、かえって復興が遅れる事態に至ることもあるのです。

その一方で「猫の手も借りたい」くらいの人手不足になることもあるので、米軍との良好な関係を崩すわけにはいきません。さじ加減が重要ということです。

5　海外で活動する自衛隊

［資料4－5］海外での活動
（1）国際平和協力活動
①国際平和協力業務（国連平和維持活動協力法）
(a)国連平和維持活動（PKO）
カンボジア、モザンビーク、東ティモール、ゴラン高原、ネパール、スーダン、ハイチ、南スーダン
(b)人道的な国際救援活動
ルワンダ、東ティモール、アフガニスタン、イラク
②国際緊急援助活動（国際緊急援助隊法）
(a)国際緊急援助活動・人員、物資の輸送

ホンジュラス、トルコ、インド、イラン、インドネシア、パキスタン、ハイチ、ニュージーランド

（2）海賊対処行動

①ソマリア沖およびアデン湾における海賊対処（海賊対処法）

※海上自衛隊の活動。護衛艦1隻（16年10月までは2隻）、P3C哨戒機2機の派遣

（3）国連南スーダンミッション（United Nations Mission in the Republic of South Sudan＝UNMISS）＝2017年5月撤収

自衛隊による国際平和協力活動は、大きく2つに分けることができます。ひとつは国連平和維持活動（United Nations Peacekeeping Operations＝PKO）協力法に基づく活動で、PKOへの参加、そしてPKO法に基づいて人道的な国際救難活動を実施することです。もうひとつは国際緊急援助隊法に基づく、地震・津波・台風などの自然災害の被害を受けた国における災害救援活動です。

PKOについて外務省のホームページには次のような説明があります。

「国連が紛争地域の平和の維持を図る手段として実際の慣行を通じて行われてきたものです。伝統的には、紛争当事者の間に立って、停戦や軍の撤退の監視等を行い、紛争当事者による対話を通じた紛争解決の支援を目的とする活動でしたが、冷戦終結後、

国連の役割の高まりとともに、国際社会が対応を求められる紛争の多くが国家間の紛争から国家内の紛争および国内紛争と国際紛争の混合型へと変わった結果、国連ＰＫＯの任務も多様化しています」

要約すると、ＰＫＯとは、紛争当事者の間に国連が入り、紛争を終結させ、平和を取り戻す活動のことです。冷戦後は、紛争が起きていなくても破綻国家となるのを防ぐ「国づくり」のためのＰＫＯも実施されています。

日本は１９９２年にＰＫＯ協力法を成立させ、カンボジアＰＫＯから参加を始めました。

人道的な国際緊急援助活動はルワンダ、東ティモールなどへの派遣実績があります。

国際緊急援助活動は、自然災害の被害に遭った国の要請を受けて、自衛隊が輸送、補給、防疫、医療などの災害救援にあたります。

第5回　国連平和維持活動（ＰＫＯ）の現実

［資料 5］国連平和維持活動（PKO）の現実

1　変質する国連ＰＫＯ

第5回の授業にあたる今回は「資料5　国連平和維持活動（ＰＫＯ）の現実」について、勉強します。本日の授業では南スーダンＰＫＯを中心に自衛隊の海外活動であるＰＫＯについて勉強していきます。

【資料5】国連平和維持活動（ＰＫＯ）の現実

［資料5－1］はじめに

日本政府は1992年に国連平和維持活動（ＰＫＯ）協力法を制定、カンボジアＰＫＯを皮切りに各地のＰＫＯに部隊派遣している。

もっとも新しいアフリカ・南スーダンにおけるＰＫＯは安全保障関連法にもとづく、「駆け付け警護」の新任務が2016年12月、南スーダンＰＫＯに派遣されている陸上自衛隊の部隊に初適用された。戦後の平和国家の姿を一変させる安保法は実施された。同法の既成事実化を見極めるように安倍政権は17年3月10日に撤収を指示した。浮上した「日報」問題は同年7月に特別防衛監察の結果が公表された。

〈ＰＫＯとは〉（外務省ＨＰ）

国連平和維持活動（United Nations Peacekeeping Operations：略称 UN PKO 又は単にＰＫＯ）

は、国連が紛争地域の平和の維持を図る手段として実際の慣行を通じて行われてきたものです。伝統的には、紛争当事者の間に立って、停戦や軍の撤退の監視等を行い、紛争当事者による対話を通じた紛争解決の支援を目的とする活動でしたが、冷戦終結後、国連の役割の高まりとともに、国際社会が対応を求められる紛争の多くが国家間の紛争から国家内の紛争および国内紛争と国際紛争の混合型へと変わった結果、国連ＰＫＯの任務も多様化しています。

ＰＫＯとは何かは、前記の通り、外務省のホームページに書かれています。

要約すると、ＰＫＯとは、紛争当事者の間に国連が入り、紛争を終結させ、平和を取り戻す活動のことです。冷戦後は、紛争が起きていなくても破綻国家となるのを防ぐ「国づくり」のためのＰＫＯも実施されています。

国連憲章の「第6章　紛争の平和的解決」は武力行使を排除した外交による紛争解決を定めた項目です。また「第7章　平和に対する脅威、平和の破壊及び侵略行為に関する行動」は武力行使による紛争解決を定めた項目です。

ＰＫＯは国連加盟国に参加を募り、軍隊、警察、行政などの多方面で活動が行われます。軍隊が含まれるので非武装ではありません。しかし、武力によって問題を解決するのではなく、あくまでも緊急時の武器使用を想定したものです。

中途半端な印象を受けますが、紛争で疲れた人々を支援するのは武力であってはならないとの考えから、「6章半の活動」と呼ばれるようになりました。

それですべてうまく行くわけではありません。ＰＫＯが始まった１９４８年から冷戦終了（１９８９年）までは、武器を持ちながら、武器を使わない「**6章半の活動**」がそれなりに順調でした。

しかし、ＰＫＯを重ねていくうちに任務が多様になり、ＰＫＯは質、量とも変化を求められました。任務が多様化したＰＫＯは、多機能型ＰＫＯとも呼ばれます。

伝統的ＰＫＯが停戦監視、兵力の引き離しといった限定的な軍事的任務にとどまるのに対し、ＰＫＯには少しずつ政治的任務が加えられ、難民救援、人権監視、人道支援活動、治安維持、行政機構再建と選挙支援といった民生面での支援を担うことになったのです。任務の多様化は、軍隊とともに活動する文民専門家や人道支援活動のスペシャリストを必要とし、ＰＫＯは大規模化していきます。大規模ＰＫＯには、自衛隊が参加した国連カンボジア暫定統治機構（ＵＮＴＡＣ）、国連モザンビーク活動（ＯＮＵＭＯＺ）などが挙げられます。

続く、第二世代のＰＫＯは、ＰＫＯの任務そのものが拡大したのではなく、ＰＫＯが平和創造や平和構築といった、和平の一連のプロセスと結びつき、その活動全体が拡大していきました。

冷戦終結を迎え、ＰＫＯもより効果的にするために「強制力を付与すべき」との主張が現れるようになったのです。

１９９２年6月にガリ国連事務総長が発表した「平和への課題・予防外交、平和創造、平和維持」の中で、ガリ事務総長は、停戦が合意されても守られない事例がしばしばみられることを指摘し、ＰＫＯよりも重装備の平和強制部隊の利用を勧告しました。

この平和強制部隊は、ＰＫＯとは別種の部隊として構想されましたが、「強制力を有するＰＫＯ」と解され、ソマリアとボスニア・ヘルツェゴビナで実施されました。

しかし、ソマリア、ボスニア・ヘルツェゴビナのＰＫＯは、派遣先の人々からＰＫＯ部隊が敵視され、紛争に巻き込まれる事態になって撤退し、失敗に終わりました。

２０００年８月、国連はＰＫＯのあり方を見直し、報告書「ブラヒミ・レポート」を発表しました。

それによると、平和維持と紛争後の平和構築は不可分であり、両者が密接な関連をもって行われるべきであると主張。また、国連がすべての紛争に介入することは不可能であるとし、どのＰＫＯに参加するかは、慎重に決定されるべきだと指摘しました。

ＰＫＯは派遣した部隊そのものが襲撃される危険をはらむようになり、国連加盟国の中には参加を見合わせる国が出てきました。

例えば、Ｇ７（先進国7カ国＝米、英、ドイツ、フランス、日本、カナダ、イタリア）による軍隊のＰＫＯへの派遣状況を見てみましょう。

１９９８年にはベスト20位にフランス（9位）、米国（12位）、英国（13位）、カナダ（14位）、ドイツ（20位）と5カ国入っていました。

10年後の２００８年にはイタリア（10位）、フランス（13位）と2カ国に激減。20年後の２０１８年はイタリア（20位）の1カ国のみとなりました。

２０２０年5月現在、ＰＫＯに兵士を多く派遣している国は、エチオピア、バングラデシュ、ルワンダ、ネパール、インドの順となっています。ベスト20から先進国は消えており、発展途上国の活躍が目立ちます。

途上国の参加が目立つのは、平和貢献への高い意識ばかりではありません。国連から要員1人ごとに支払われる日当が貴重な外貨獲得の資源となっているのです。その金額は先進国からみれば少なく、途上国からみれば多いので、途上国がより多くの兵士をPKOに送り込む原因となっています。

2 「駆け付け警護」を「視察」「輸送」と言い換え

「国連平和維持活動（PKO）の現実」の「はじめに」にある通り、最も新しいアフリカ・南スーダンにおけるPKOには、安全保障関連法（安保法制）に基づく初めての任務が付与されました。

2016年12月、「駆け付け警護」の新任務が南スーダンPKOに派遣中の陸上自衛隊部隊に初適用され、また「宿営地の共同防護」は安保法制の施行時点から実施可能となりました。同法の既成事実化を見極めるように安倍政権は17年3月10日、自衛隊に撤収を指示しました。

南スーダンPKOからの撤退により、現在、自衛隊による部隊派遣は1件もありません。

［資料5－2］過去に自衛隊が派遣されたPKO（部隊派遣のみ）

1　カンボジアPKO（1992年9月～93年9月）施設復旧
2　モザンビークPKO（93年5月～95年1月）輸送調整

3　ゴラン高原PKO（96年2月～2013年1月）輸送

4　東ティモールPKO（02年2月～04年6月）施設復旧

5　南スーダンPKO（12年1月～17年5月）施設復旧

これまでに自衛隊が参加したPKOです。

南スーダンPKOで安倍政権が初めて自衛隊に発令した「駆け付け警護」は、実は陸上自衛隊が長年にわたり、合法化を求めていました。過去のPKOで、ひそかに「駆け付け警護」に踏み切った事実があったからです。

カンボジアPKOの例を見てみましょう。1993年にあったカンボジア総選挙前、旧カンボジア政府でもある武装組織「ポル・ポト派」による日本人警察官の殺害事件が発生しました。現地入りしていた日本人41人の選挙監視員をどう守るか国会で議論になり、「PKOに参加している自衛隊に守らせるべきだ」との声が高まりました。

しかし、施設復旧が任務の自衛隊は邦人を警護できません。ポル・ポト派と撃ち合えば、憲法違反となるおそれがあります。そこで陸上幕僚監部は、選挙監視員が襲撃された場合、隊員が撃ち合いの場に飛び込み、当事者となることで正当防衛・緊急避難を理由に選挙監視員を守るという理屈を生み出し、現地部隊に伝えたのです。「人間の盾」になれというのです。

部隊は補修した道路や橋の「視察」を名目に、実弾入りの小銃を持って投票所を偵察する「情報収集チーム」（48人）と襲われた選挙監視員を治療する「医療支援チーム」（34人）を編成しました。医療支援はもちろん偽りの看板にほかなりません。

チームは戦闘能力の高いレンジャー隊員で編成されましたが、総選挙は何事もなく終わり、帰国した施設大隊は防衛庁長官から自衛隊にとって最高賞の一級賞詞を与えられ、カンボジアPKOの現実は闇に葬られたのです。

1994年のルワンダ難民救援では、隣国ザイールに派遣された陸上自衛隊が「輸送」の名目でトラックを強奪された日本人医師を難民キャンプから救出しました。2002年、東ティモールPKOに派遣された陸上自衛隊は暴動を逃れようとした現地日本人会から救援要請を受けました。現場の判断で国連事務所の職員や料理店のスタッフら日本人17人に加え、7カ国24人の外国人をやはり「輸送」の名目で救出したのです。

実際には任務にない「駆け付け警護」[*1]だったにもかかわらず、憲法違反との批判を避けるため、苦し紛れに「視察」や「輸送」と説明してきました。

PKOにおける自衛隊の役割とは何か、人道面で役割拡大の必要があるのか、原点に帰って議論すべき場面は何度もありました。しかし、「駆け付け警護」を実施した事実がほとんど知られなかったこともあり、法案に賛成だった自民党は知らぬふりを決め込みました。

法案成立に強く反対した野党は同法成立後、急速に関心を失い、「自衛隊にお任せ」となり、なしくずしのうちに任務が拡大していったのです。

その結果、制服組が政治家に働きかけ、「駆け付け警護」を安保法制のひとつに取り込むよう求め、ようやく合法化されることになったのです。

ただし、実施にあたっては問題が残りました。自衛隊は軍隊ではないので武器使用が抑制的に定められています。相手に危害を与える危害射撃は原則として禁じられており、

＊1　苛酷な教育課程を修了した陸上自衛隊員に与えられる称号。最終テストは4日間不眠不休でさまざまな任務をこなしながら、目的地に到達する。

「駆け付け警護」が合法化された今も「現在の武器使用基準のままでは任務遂行に支障がある」と考える陸上自衛隊幹部は少なくありません。

仮に憲法改正がされて自衛隊が事実上の軍隊となった場合には、武器使用基準が緩和されることでしょう。そうなれば任務遂行のための武器使用が解禁されて、危害射撃が可能となり、自衛隊は現在のＰＫＯでは参加が困難な武装解除、巡回などを行うＰＫＦにも参加可能となることでしょう。

自民党などが求めているのはこのＰＫＦへの参加ですが、現在はＰＫＦに発展途上国が数多く参加しています。先に述べた通り、国連から兵士に支払われる日当が貴重な外貨獲得の手段となっているので、そこに割り込むのが先進国のあるべき姿とはとうてい思えません。

［資料５－３］南スーダンＰＫＯ

（１）公開された「駆け付け警護」「宿営地の共同防護」の訓練（２０１６年10月24日）

①第９師団（青森市）が訓練する岩手県の岩手山駐屯地

②非公開だった武器使用の場面、前日の稲田防衛相には公開

③意外だった厳戒の中の道路補修

ここからは「公開された『駆け付け警護』『宿営地の共同防護』の訓練」の説明をします。

自衛隊は南スーダンＰＫＯに２０１２年１月から参加していますが、安保法制の施行に

PKOの訓練で銃を持って警護する自衛隊員（筆者撮影）

伴い、「駆け付け警護」「宿営地の共同防護」が実施可能となり、自衛隊はこの新任務の訓練を始めました。

訓練は、次に派遣される青森市の陸上自衛隊第9師団（青森市）が対象となり、岩手県の岩手山駐屯地で実施され、報道陣にも公開されました。最初に目についたのはロードローラーが道路を修復している様子です。これはカンボジアPKOのころから始まった施設復旧の一環で、派遣された自衛隊が得意としてきた活動です。

いつもと違っていたのは、ロードローラーの前に武器を持ち、防弾チョッキとヘルメットで武装した隊員が警護していたことです。

考えてもみてください。道路を直すといった作業は銃弾が飛び交うような危険な環境下で実施することはできません。しかし、武装した警護の隊員がいるのは、南スーダ

「駆け付け警護」の訓練（筆者撮影）

ンでは危険な環境下での活動を想定しているということです。

私はカンボジアＰＫＯから自衛隊の海外取材を続けていますが、武装した隊員に守られて道路工事をする自衛隊の姿を見たのは初めてです。

次に群衆が集まっている「宿営地の共同防護」の訓練が公開されました。群衆が「水を寄こせ」と訴えて、宿営地に押しかけてきました。見張り台では緊張が走ります。最後は機関銃を持った人が接近してきたので、どうなるか、と見ていたのですが、訓練はここで終わりました。

前日、当時の稲田朋美防衛相が視察したときには銃撃戦の様子まで公開したそうです。

報道陣への公開で銃撃戦になる前に寸止めしたのは、もし民衆と自衛隊が撃ち合う様子が新聞・テレビで公開されたとすれば、「自衛隊は南スーダンで何をしているのだ」との批判が寄せられ、ＰＫＯが頓挫するのをおそれたため、としか考えられません。

次に公開されたのは「駆け付け警護」の訓練です。民衆が現地の職業安定所に「仕事を寄こせ」と押し寄せ、中の職員が閉じ込められました。自衛隊に救援要請があり、自衛隊は装甲車と透明な盾を持って駆け付けてきました。自衛隊がぐいぐいと前進すると、不思議なことに民衆は蜘蛛の子を散らすように逃げていき、職員は無事救出されて、終わりました。めでたし、めでたし、ってそんなバカな話はありません。

現実には民衆と自衛隊との間で撃ち合いになるかもしれません。しかし、報道陣に公開されたのはスーパーマンのようにたちまち問題解決する自衛隊の姿でした。こうした防衛省・自衛隊の姿勢は記憶しておく必要があります。政府は真実を伝えるとは限らない、そのことの実例になるからです。

3　南スーダンＰＫＯで「駆け付け警護」

［資料５－４］南スーダンとは（２０１２年７月現地取材）

①面積は日本の１・７倍、人口は１１００万人、歳入の95％は石油

②独立当時紛争なし。ＰＫＯ参加５原則のうち、「停戦の合意」は不要

③ところが、２０１３年12月に武力衝突が発生

●キール大統領派（ディンカ族）vsマシャル副大統領派（ヌエル族）

④2016年7月にも衝突。マシャル氏は解任、南アフリカへ脱出
⑤副大統領が取材対応（2016年10月27日／東京新聞夕刊）
●マシャル氏「ジュバとその周辺では散発的な戦闘が起きている」「政治的解決が見いだせなければ、ジュバが標的になる」

日本政府の見解・起きているのは「戦闘」ではなく、「衝突」としながらも、16年10月任期延長の閣議後、「基本的な考え方」を公表。「治安情勢は極めて厳しい」「今後の治安情勢については、楽観視できない状況である」「政府としてもジュバを含め、南スーダン全土に『退避勧告』を出している。最も厳しいレベル4の措置であり、治安情勢が厳しいことは十分認識している」

〈派遣の判断要素〉
憲法違反とならないためにPKO参加5原則が守られていることが派遣には不可欠（①停戦の合意成立②受け入れ側の派遣の同意③活動の中立性④上記いずれかが破られた場合は撤収⑤武器使用は必要最小限）。さらに……
1　要員の安全を確保した上で、意義のある活動を行えるか
2　PKO参加5原則を満たしているか

〈自衛隊の活動〉
専門的な教育訓練を受けたプロとして、安全を確保しながら、道路整備や避難民向けの

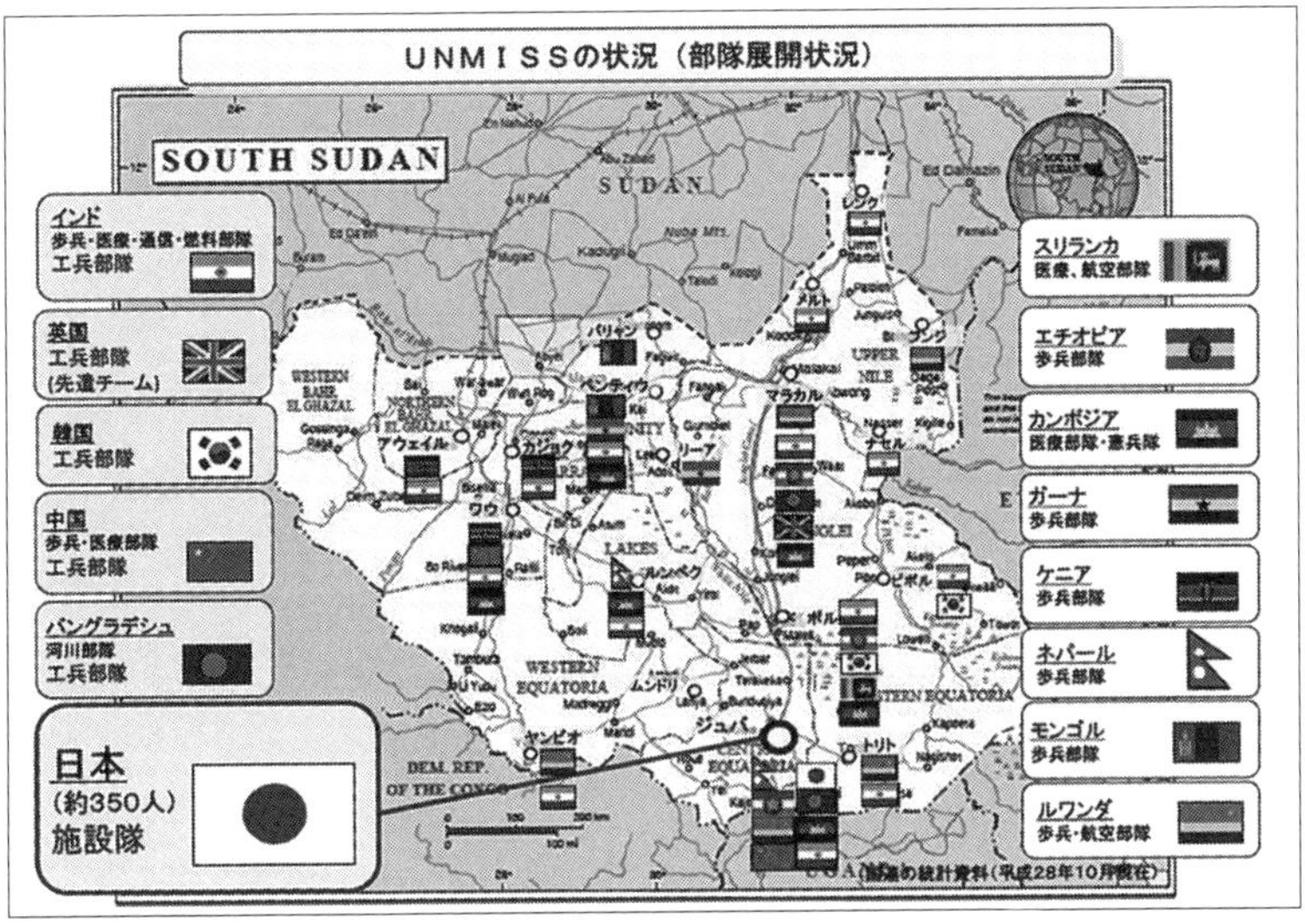

（防衛省の資料より）

施設構築を行うなど、意義のある活動を行っている。危険を伴う活動であるが、自衛隊にしかできない責務をしっかりと果たすことができている

次に私が2012年7月、南スーダンで取材したときの図と写真を見てください。

図は南スーダンの位置関係、派遣された自衛隊の組織図、南スーダンPKOの参画国などが描かれています。

特徴的なのは南スーダンPKOの参加国の国旗が描かれた図です。自衛隊は「施設隊」とあります。他国で「工兵部隊」と書いてあるのが自衛隊の施設隊に該当します。

施設隊とは陸上自衛隊の職種である施設科の隊員によって編成されています。施設科はもともとは戦場で地雷源処理な

大量の雨によって川のようになった道路（筆者撮影＝以下同）

どを行う部隊ですが、ＰＫＯでは道路補修などを担っています。

Ｇ７参加国は元宗主国の英国が先遣チームを送っただけで、日本以外に参加している国はありません。南スーダンＰＫＯに対し、先進国の腰が引けていることがわかります。

次に写真の説明をしましょう。

四輪駆動車が沼のようになった道路を走っているのは、南スーダンは雨期と乾期がはっきりしていて、雨期に入ると全国の道路が、このようなぬかるみになり、人やモノの移動が困難になります。

人やモノが移動できないのですから、経済活動は停滞します。それでは独立したばかりの南スーダンが成長できないので、破綻国家になってしまうかもしれません。その前に国連が先手を打って、「国づくり」の支援をしよう、そうして始めたのが南スーダンＰＫＯなのです。

衛生状態は悪く、住民はナイル川からくみ上げた川の水を飲み水などの生活用水に充てていました。

そこで日本政府の外務省、防衛省・白衛隊、外務省の外郭団体の「国際協力事業団（Ｊ

ＩＣＡ）」が一緒になって、首都ジュバに1カ所しかない水道局の施設を取り壊し、新築したのです。左の写真はそのときの打ち合わせの状況です。

自衛隊の活動は道路補修、引揚者の仮設住宅建設などでした。

JICA、自衛隊、現地担当者による水道事業をめぐる協議

宿営地は国際空港に隣接したトンピン地区と呼ばれる場所にあり、日本を含めて6カ国が敷地を分け合って生活していました。自衛隊の施設は、日本の駐屯地と同様、食事、洗濯、入浴がしっかり準備されていました。

毎日午後5時には日の丸が降ろされ、全員が整列して敬礼します。それが終わると小グループに分かれ、一日の反省会をします。ストレスをためないための知恵だそうです。

南スーダンという国についての解説は、以下の通りです。

２０１１年7月にスーダンから独立した

道路を補修する自衛隊。車両類は白く塗られ、ＵＮ（国連）と書かれている

世界で最も新しい国で、面積は日本の１・７倍と広いにもかかわらず、人口は１１００万人しかいません。国の発展に欠かせないマンパワーが不足しています。

歳入の95％は石油の輸出で得ていますが、港湾がないので北部のスーダンを経由してパイプラインで輸出しています。しかし、パイプラインの通過料をめぐり、スーダンとの間の争いが絶えません。

このままでは立ち枯れてしまうのでＰＫＯが始まりました。したがってＰＫＯ参加５原則のうち、「停戦の合意」が存在しない異例の形のＰＫＯとなりました。

ところが、２０１３年12月に武力衝突が発生しました。キール大統領派（ディンカ族）とマシャル副大統領派（ヌエル族）による対立です。２０１６年７月にも衝突し、このときは自衛隊が巻き込まれかねない大規模な内戦状態となりました。

自衛隊のＰＫＯ派遣が、憲法違反（海外における武力行使）とならないためにＰＫＯ参加５原則が守られていることが不可欠です。

参加5原則とは、①停戦の合意が成立していること、②受け入れ側の派遣の同意、③活動の中立性、④上記いずれかが破られた場合は撤収、⑤武器使用は必要最小限、のことです。

このほかに、「要員の安全を確保した上で、意義のある活動を行えるか」も派遣の判断基準となります。

自衛隊宿営地における終礼

南スーダンでは内戦状態になり、二度も大規模な戦闘が発生しました。すると、参加5原則のうち、「停戦の合意」が破綻したのではないか、との疑いが出てきます。

しかし、日本政府の見解は、起きているのは「戦闘」ではなく、「衝突」と主張し、「停戦の合意は崩れていない」（当時の菅義偉官房長官）として派遣続行を命じました。

日本政府は「戦闘」について、次のように説明しています。

「ＰＫＯ法上、『武力紛争』を定義した規定はないが、政府としては、国家又は国家に準ずる組織の間において生ずる武力を用いた争いがＰＫＯ法上の『武力紛争』に当たると解してきたところであり、当該『武力紛争』の一環として行われる『戦闘行為』は、『国家又は国家に準ずる組織の間で行われるもの』である」

そのうえで「国家に準ずる組織」の定義について、「一定の支配地域がある」「指揮命令系統が存在する」の2点を挙げています。

日本政府は、マシャル副大統領派は「国家に準じる組織」に該当しないので、戦闘行為は発生しておらず、PKOで撤収の条件になる武力紛争は起きていない、との理屈で自衛隊のPKO派遣を続行させました。

16年10月任期延長の閣議後、「基本的な考え方」を公表し、「治安情勢は極めて厳しい」「今後の治安情勢については、楽観視できない状況である」「政府としてもジュバを含め、南スーダン全土に『退避勧告』を出している。最も厳しいレベル4の措置であり、治安情勢が厳しいことは十分認識している」と言い訳を並べています。

これは安保法制が16年4月に施行され、米国が海外で戦争をしていない当時の状況では安保法制適用の第1号が南スーダンPKOの「駆け付け警護」「宿営地の共同防護」になると見越したうえでの派遣続行だったのではないかと考えられます。

一度、自衛隊を海外へ送り出した以上、国会としての体面を重視し、なかなか撤収させないのは、カンボジアPKOのころからの日本政府の特徴です。

［資料5－5］個別具体的な対応

（1）「駆け付け警護」

①治安悪化により、日本人70人のうち大使館員など20人弱を残し脱出

※政府見解によると、さらに実施にはいくつもの関門（以下の通り）

〈前提〉
国連ＰＫＯの活動は、国連の指図にもとづき実施計画の範囲内で実施
〈一義的には〉
「駆け付け警護」は「現地の治安当局」および「国連の歩兵部隊」が実施
〈自衛隊が実施する場合〉
①緊急の要請があり
②「現地の治安当局」および「国連の歩兵部隊」よりも速やかに対応可能な場合などで
③対応可能な範囲で実施（この際実施するか否かは個別具体的な状況により判断）

この説明の前に２０１６年10月８日、ジュバを訪問した稲田朋美防衛相の足跡を振り返りましょう。稲田防衛相は午前８時51分にジュバ空港に降り立ち、午後３時55分にジュバ空港を出発しています。ジュバの滞在は正味７時間でした。

この間、南スーダン政府や南スーダンＰＫＯ本部への表敬があり、トンピン地区の自衛隊を視察しています。そして「７月の武力衝突で戦闘が激しかった地域」を慎重に避けています。

稲田防衛相は現地を視察した感想を報道陣に聞かれ、「比較的、落ち着いている」と述べました。それはそうでしょう。戦闘があった地域を避けて、安全な場所ばかり見て回っ

たのですから。

稲田防衛相の報告を受けた安倍首相は同年10月15日、次に出発する第9師団に「駆け付け警護」を命令することを閣議決定しました。稲田防衛相の現地視察は、閣議決定をするためのアリバイづくりのようには見えませんか。


閣議決定により、次の部隊から「駆け付け警護」の任務が新たに追加されることが決まったものの、現地の情勢をみると、治安悪化により、南スーダンにいた日本人70人のうち大使館員など20人弱を残し脱出しており、少なくとも「駆け付けて」、「警護」するのが日本人であれば、ほとんど対象となる人はいません。

常識的にはいかなる国も他国の大使館を襲撃することは戦争行為にも等しいので、大使館は最後まで安全な場所であるからです。

さらに政府は「駆け付け警護」に踏み切るまでに、いくつものハードルをつくりました。そもそも国連による「駆け付け警護」は「現地の治安当局」および「国連の歩兵部隊」が実施することになっているので、自衛隊に出番はありません。

そこで、自衛隊が実施する場合は、①緊急の要請があり、②「現地の治安当局」および「国連の歩兵部隊」よりも速やかに対応可能な場合などで、③対応可能な範囲で実施（この際実施するか否かは個別具体的な状況により判断）することにしました。

ここまでハードルを上げると、ほとんど対応は不可能です。実際に最後の派遣部隊となった第9師団が「駆け付け警護」に踏み切ることはありませんでした。残ったのは「安保法制は南スーダンＰＫＯで初めて適用された」という既成事実だけでした。

4 「宿営地の共同防護」を避ける隊長

（2）蓋然性が高いのは「宿営地の共同防護」

①自衛隊宿営地には、日本、インド、バングラデシュ、エチオピア、ネパール、ルワンダの合計6カ国が宿営

②政府見解では「相手が国または国に準じる組織」でも合憲

〈意義〉

宿営地は国連PKOのために所在する者にとって「最後の拠点」でもあることから、宿営地に所在する自衛官と他国の要員が相互に連携し、防護し合い、共通の危険に対処することが不可欠

〈武器使用〉

自己または自己とともに宿営地に所在する者を防護するためにいわゆる自己保存型の武器使用が可能（「駆け付け警護」は任務遂行のための武器使用に限定）

※「駆け付け警護」の任務遂行型と比べ、武器使用のハードルが低いのが特徴

③国連は2016年7月の武力衝突後、4000人規模の治安維持部隊の追加派遣を決定

●キール大統領は当初、受け入れを拒否。その後、受け入れへ

※副大統領派を利するとの見方。7月に中国のPKO要員が2人死亡。攻撃に対処するPKO部隊は「敵」との判断か
※PKO部隊そのものが敵視される可能性。失敗したソマリアPKOの例
④ロイ代表が2016年11月末で退任。後任は1月まで不在だった。同月には文民保護を怠ったとしてPKO軍事部門のケニア人司令官を解任。ケニア政府は1000人の歩兵部隊を北部都市のワウから撤収開始
※PKO代表と軍司令官の不在という異常事態。PKOの主力であり、南スーダン和平に強い影響力のあるケニア撤退により情勢はさらに混迷するも、その後収束

自衛隊の宿営地にあたるトンピン地区には、日本、インド、バングラデシュ、エチオピア、ネパール、ルワンダの合計6カ国が宿営していました。

「宿営地の共同防護」というのは、宿営地内で、自衛隊は攻撃されていなくても他国の軍隊が攻撃を受けた場合、同じ敷地内にいる自衛隊の安全が確保できなくなるので、他国の軍隊とともに戦うことを指します。

日本政府は、宿営地はPKOに参加する者にとって「最後の拠点」でもあることから、宿営地に所在する自衛隊員と他国の要員が相互に連携し、防護し合い、共通の危険に対処することが不可欠、との見解を示しています。

そして、自己または自己とともに宿営地に所在する者を防護するためにいわゆる自己保存型の武器使用が可能、としています。人間は生きていたいという自然権的権利のもとに

武器使用するのですから、相手が国であれ、国に準じる組織であれ、発砲しても違憲性は問われないという意味です。

ちなみに、「駆け付け警護」は任務遂行のための武器使用に限定されていますから、相手が国や国に準じる組織であった場合、憲法違反となるので武器使用することはできません。

実際に2016年7月10日、トンピン地区を挟んで政府軍と反政府勢力との間で銃撃戦が発生し、自衛隊はヘルメットと防弾チョッキを着けて隊舎に逃げ込みました。トンピン地区には避難してきた住民が押し寄せ、治安維持を担うルワンダ軍がウエストゲートを開けて自らの区画に誘導しました。すると、住民に反政府勢力が紛れ込んでいるとみた政府軍はルワンダ軍に迫撃砲弾を撃ち込んだのです。これに反応して隣接した区画のバングラデシュ軍が政府軍に対して発砲を始めました。

地元民とPKOの部隊が敵対すれば、ソマリアPKOで起きたような混乱の極みに陥りかねませんが、幸い、撃ち合いは日没には収まりました。

施設隊長だった中力修1佐は帰国後、私の取材に以下のように答えています。

「他国軍の状況はわかりませんでした。翌日になってPKO本部からの情報や地元新聞で詳細を知ったのです。バングラデシュ軍が発砲したと知り『なんてことするんだ』と思った。相手に宿営地を攻撃する理由を与えてしまうからです」

仮にバングラデシュが攻撃を受けた場合、彼らを守るために共に戦う「宿営地の共同防護」は改正PKO法を含む安全保障関連法の施行により、実施可能になっていた。自衛隊が「宿営地の共同防護」に踏み切る考えはなかったのでしょうか。

この質問に中力1佐はこう答えました。

「それはない。自衛隊は道路補修を行う施設部隊です。UNMISS（国連南スーダン共和国ミッション）軍事部門の『工兵科』の指図を受けている。宿営地を守るのは治安維持を担う歩兵部隊の役割。同じ宿営地にいた他国の歩兵部隊が命じられることになるのです」

即答でした。自発的に発砲することはまったく考えていなかったと断言したのです。法律で定められていても、最終的な判断は現場に任されます。自分たちの身の安全と命令とをてんびんに掛けて、実施するか否かが決まります。中力1佐は、日本政府が後付けで決めた「宿営地の共同防護」には踏み切らず、PKOの筋論を通すことを明言しました。

7日夜の銃撃戦以降、ジュバ市内の治安状況が悪化したことにより、それまでジュバ市内やUNMISS司令部で続けてきた自衛隊による施設整備が継続できなくなり、トンピン地区内での給水などの活動に限定され、避難民支援という新たな活動に軸足を移していきました。

中力1佐の率いる第10次隊が残した「日報」には「市内での突発的な戦闘への巻き込まれに注意が必要」（7月10日付、11日付）、「停戦合意は履行されているものの、偶発的な戦闘の可能性は否定できず、巻き込まれに注意が必要である」（12日付）とあり、注意を促すため赤字で強調して書かれています。あちこちに「戦闘」「銃撃戦」「襲撃」の文字も出てきます。

自衛隊は本来、予定していた施設整備を継続することができず、宿営地にこもり、活動を避難民支援に変更することを余儀なくされたのです。

ＰＫＯ参加５原則の「停戦の合意」が成立しているか極めて怪しい状況にあり、現に部隊は活動の中断に踏み切っています。政府は参加５原則のほか、派遣を続ける条件として「有意義な活動が実施できること」「隊員の安全が確保できること」の２点を挙げていますが、この２条件も風前の灯火だったことがわかります。

まともな理解力さえあれば、ジュバで戦闘が発生し、派遣された部隊が危機に直面したことは誰の目にも明らかです。しかし、安倍内閣の見方はまったく違ったのです。

菅義偉官房長官は７月11日の会見で、「武力紛争が発生したとは考えていない。参加５原則が崩れたとは考えていない」と述べ、陸上自衛隊部隊を撤収させる考えがないことを明言しました。

宿営地に逃げ込んだ部隊の頭越しに銃撃戦があったとの第１報はただちに防衛省から官房長官に入ります。部隊が極限状況まで追い詰められてもなお派遣を継続させる背景に、「撤収させない」という政府の強い意思があったと考えるほかありません。

それは「安保法制の適用第１号は、南スーダンＰＫＯ以外にない」という「安倍内閣のお家の事情」ではないでしょうか。安倍首相自ら「国民の理解は深まっていない」と言わなければならないほど拙速な国会審議を経て、強行採決してつくった安保法制。いつまでも「適用事例なし」では通らないと考えたのではないでしょうか。

（３）変質した南スーダンＰＫＯ

①「停戦の合意」が不要だった珍しいＰＫＯ

②日本政府は自衛隊、日本大使館、JICA、NGO（非政府組織）が連携する「オールジャパン」（自衛隊に制服の外交団「現地支援調整所」を置いた）
③「現地支援調整所」はUNMISSの反対で継続が困難に
④2013年12月の武力衝突により、JICAは退避と復帰を繰り返す。NGOは南スーダン国外に
⑤自衛隊の活動の縮小、東および西エクアトリア州での道路補修を中止、状況に応じて宿営地に避難する住民支援、治安回復すれば道路補修。道路補修にはアスファルトがなく簡易舗装のみ。雨が降れば道がぬかるみに戻って流れてしまい、通れなくなる。
※終わりのない活動。「賽の河原の石積み状態」

武力衝突の発生がないことから当初は「停戦の合意」が不要だった南スーダンPKO。日本政府は過去のPKOでは実施したことのない、自衛隊、日本大使館、JICA、NGOが連携する「オールジャパン」を試しました。

派遣された自衛隊の施設隊とは別に現地に制服の外交団である「現地支援調整所」が置かれ、南スーダン政府やPKO本部、日本の外務省やJICAとの連携を図りました。

しかし、2013年12月にあった最初の武力衝突で「オールジャパン」体制は崩れ、自衛隊は以前と同じようにPKO本部から要請された道路工事の作業に戻ったのです。

ただし、アスファルトは高額なため、国連の予算では買えません。乾期に簡易舗装した道路は、雨期になれば、また泥沼に逆戻りです。

自衛隊は撤収まで、そんな賽の河原の石積みのような作業を続けました。

［資料５－６］国連と食い違う日本政府の見解

（１）治安状況をめぐる見解の相違

〈日本政府〉

「比較的、落ち着いている」（２０１６年10月8日、稲田朋美防衛相）

※この結果、11月15日政府が第11次隊に新任務「駆け付け警護」を付与

〈国連〉

①情勢報告書（２０１６年8月12日～10月25日）

「『volatile（不安定な、流動的な）』状態が続いている。国全体の治安は悪化しており、とりわけ政府軍が反政府勢力の追跡を続けている中央エクアトリア州の悪化が著しい」（同州にはジュバが含まれる）

②国連人権理事会の専門家グループ（２０１６年12月1日）

「複数の地域で集団レイプや村の焼きうちといった民族浄化が確実に進行している」「ルワンダで起きたことが繰り返されようとしている段階だ。国際社会はこれを阻止する義務がある」

③国連安保理提出の機密文書（17年2月14日ＡＦＰ報道）

「各地で治安が悪化し続け、長引く紛争と暴力の影響が市民にとって壊滅的な規模に達している」「この傾向が続けば、いかなる政府も統制が及ばなくなる上程がこの先何年も続くおそれがある」

④国連人道問題調整事務所（16年11月16日報告）

「昨年の同時期より100万人多い、推定370万人が深刻な食糧危機に直面している。食糧不足が今ほど悪化したことはなく、さらに悪化する情勢にある」

現地の治安情勢をめぐる日本政府の見解、国連の見解の相違は、前記の通りです。なぜ、日本が派遣続行にこだわったのか。先に解説した通り、安保法制を最初に適用する狙いがあったとみられます。安保法制は、野党ばかりでなく、多くの憲法学者が「違憲の法案」との批判を強める中、安倍政権が強行成立させました。

安倍首相は「日本を取り巻く安全保障環境がますます悪化している」と述べ、安保法制の必要性を強調しました。

しかし、成立後、一転して安保法制を適用する場面がないとなれば、法律をつくった必要性、つまり立法事実がなかったことになり、安倍首相はウソをついたことになります。そうした批判を何としても避けたい安倍政権としては、南スーダンPKOを続行させ、安保法制の適用を急ぐ必要があったのだと考えられます。

もちろん、PKOには国際貢献という大きな意義がありますが、安保法制が施行された後の南スーダンPKOは、安保法制を初適用させる道具として政権が都合よく利用したのではないでしょうか。

（2）南スーダンをめぐる国連決議採択で日本は棄権

2016年12月25日、武器輸出の禁止や内戦当事者の資産凍結などを定めた制裁決議案の採決。米国主導で提案された決議案は、理事国15カ国のうち、米英仏など7カ国が賛成。日本、中国など8カ国が棄権に回り、否決。

〈米国のサマンサ・パワー国連大使〉
「棄権した国々の決定に対して歴史は厳しい判断を下すだろう」

〈岡村善文《おかむらよしふみ》国連次席大使〉
「生産的でない」（自衛隊に理解を示し、友好的な態度をとっているキール大統領を追い込むべきではないとの政府判断）

※自衛隊派遣を維持することが最優先され、南スーダン和平の道を閉ざしたのでは？

果たすべき国際貢献の分野で、日本政府はとんでもない判断を示します。

南スーダンで武力衝突に歯止めがかからないことから、国連安全保障理事会[*2]が開かれ、米国の国連大使から南スーダンへの武器禁輸が提案されました。

日本代表は当然、賛成すると思いきや、なんと棄権したのです。

米国の国連大使は「棄権した国々の決定に対して歴史は厳しい判断を下すだろう」と強く批判しました。日本が珍しく、米国と対立したのは、自衛隊派遣を維持することが最優先され、南スーダン政府との良好な関係を壊したくなかったからです。

日本政府は自分勝手な理屈で、南スーダン和平の道を閉ざしたといえます。

＊2　国連憲章のもと、国際の平和と安全に主要な責任を持つ。理事会は15カ国で構成される。内訳は、常任理事国5カ国（中国、フランス、ロシア、英国、米国）と、総会が2年の任期で選ぶ非常任理事国10カ国。

5　安倍政権の都合で突然の撤収

［資料５－７］日本政府による過去のＰＫＯからの撤収事例
〈２０１２年12月、ゴラン高原ＰＫＯから撤収〉
①中東専門家の大野元裕防衛大臣政務官が現地で情報収集。内閣府、外務省、防衛省で協議。
②12月21日安全保障会議、閣議で撤収を決定（衆院選の民主党敗北から5日後）。「参加5原則は維持されているが、安全を確保しつつ意義のある活動を行うことが困難」。
③決定後、オーストリア軍の２人が襲撃され重傷。翌年にはフィリピン軍が部隊ごと武装勢力に拘束。
※適時適切な判断が奏功

日本がＰＫＯから撤退した事例です。ゴラン高原ＰＫＯでは的確な政治判断のもとに撤収が決まったことがわかります。では、南スーダンＰＫＯの撤収はどうだったのでしょうか。

［資料５－８］南スーダンＰＫＯ、突然の撤収命令
（１）急浮上した日報問題
派遣部隊は現地の活動状況を詳細に記した「日報」を毎日、陸上自衛隊研究本部（研本）に提出、研本はモーニングレポートを作成し、陸上幕僚監部などの関係部署に配布。

9月30日　ジャーナリストの布施祐仁《ふせゆうじん》氏が政府軍と反政府勢力との間で撃ち合いがあった2016年7月7日~12日までの日報を情報開示請求（10月末防衛省から開示期限の延長の知らせ）

11月15日　「駆け付け警護」を閣議決定

12月2日　日報を廃棄していたとして防衛省が不開示決定

12月22日　河野太郎元公文書管理相から防衛省に問いただし

12月26日　統合幕僚監部に残っていたことが判明

2017年1月27日　稲田朋美防衛相に経緯を報告
（発見から1カ月遅れ。理由は「黒塗りに時間がかかった」「年末年始をはさんだ」）

2月7日　布施氏に文書開示（河野氏へは一日早い2月6日）

3月10日　政府が南スーダンPKOの撤収を決定、発表（5月末までに撤収完了）

3月16日　新聞・テレビが「陸上自衛隊に日報があったが、『統幕背広組の幹部の指示』で廃棄」と一斉に報道

7月28日　防衛省が特別監察結果を公表、陸上自衛隊が日報を開示せずデータを削除したとして、組織的な隠蔽を認定。稲田防衛相は引責辞任

日報には2016年7月のジュバの状況について「衝突」「戦闘」の二種類で状況を報告。国会で稲田防衛相など政府側はすべて「衝突」と言い換え、「戦闘」を認めなかった

※参加5原則の「停戦の同意」が破綻すれば、撤収となるため?
※2014年7月1日の「派遣の同意があれば、国に準じる組織は現れない」との閣議決定と矛盾するおそれか

南スーダンPKOは、最後になって日報の隠ぺい問題という大問題を起こします。日報とは、派遣された部隊が日々起こったことを詳細に記し、日本政府や自衛隊、派遣元の部隊に送る報告書のことです。

当然、自衛隊には日報が保管されているはずですが、2016年7月に派遣部隊宿営地の頭越しにあった政府軍と反政府勢力による銃撃戦の様子を知ろうと、情報公開請求した市民に対し、「存在しない」と回答しました。

のちに日報は「見つかった」として公開されますが、公開までの課程で日報が隠ぺいされたり、破棄されたりしていたことが判明し、大量の処分者を出す結果になりました。稲田防衛相は引責辞任しています。

隠ぺいした動機は「情報の保全や開示請求の増加に対する懸念により日報が該当文書から外れることが望ましい」(2017年7月24日付、防衛省防衛監察本部「特別防衛監察の結果について」)との判断からだったとされています。

しかし、開示を求められた情報は、南スーダンが内戦状態となり、自衛隊のPKO参加5原則との抵触が政治問題になった時期のものです。2016年10月11日の参院予算委員会で、稲田防衛相は「法的な意味における戦闘行為ではない」「衝突であるというふうに認識」と答弁し、安倍首相も「われわれは、衝突、いわば勢力と勢力がぶつかったという

表現を使っている」と答弁しています。

そして、安倍政権は何事もなかったかのようにして次の派遣部隊に対し、新任務である「駆け付け警護」を命じ、「宿営地の共同防護」も実施可能としました。南スーダンPKOへの派遣継続は、政治的に重要な意味を持っていたことは間違いありません。

仮に情報公開請求を受けて、間髪を入れずに日報が公開されていれば、政治問題化したのは必至です。なぜなら、その後、「見つかった」として開示された日報には、7月の内戦状態をめぐり「戦闘」「銃撃戦」「巻き込まれに注意」などの表現があふれていたのです。

つまり、派遣続行を決め、安保法制に基づく新任務を付与するとの政治判断とは、まったく異なる現地状況が書きつらねられていたのです。日報隠ぺいに関わった防衛省の背広組、制服組の幹部たちは、安倍政権の判断と異なる状況が記された日報の存在そのものを「まずい」と考えたのではないでしょうか。そして直接、隠ぺいに関わった何人かは「存在してはならないもの」と結論づけたのだと考えられます。

安倍政権への過剰な忖度は、その後、明るみに出た森友問題における公文書の隠ぺい、改ざん、そして担当者の自殺へとつながり、底無しの様相を見せていきます。

第6回　ソマリア沖の海賊対処

[資料 6] ソマリア沖の海賊対処

[資料 6－1] 海賊対処行動

[資料 6－2] ソマリア沖およびアデン湾の海賊対処

[資料 6－3] ジブチにおける自衛隊独自の派遣航空隊のための拠点開設（2011 年 6 月）

[資料 6－4] 2018 年 8 月、中国はジブチに初めての海外基地を開設。

防衛省はジブチの拠点を追加購入して拡大した。

[資料 6－5] 防衛省設置法の「調査・研究」に基づく、自衛隊中東派遣

1　アフリカの角から海賊出没

第6回は前回、自衛隊の海外活動である国連平和維持活動（ＰＫＯ）を勉強したのに続いて、同じく海外活動である「資料6　ソマリア沖の海賊対処」について勉強します。

アフリカの北東部に位置するソマリアは、観光と漁業の国でした。しかし、内戦によって１９９１年以降、中央政府が存在しない破綻国家となり、漁民らが海賊となって民間船舶を襲撃する事件を起こし始めました。

世界全体の海賊事件は２００８年に２９３件あり、そのうち３分の１近い１１１件がソマリア沖（19件）、アデン湾（92件）で発生し、特にアデン湾での発生件数は、前年２００７年の13件から92件へと激増しました。

海賊はスキフと呼ばれる漁船タイプの小型船に数人が乗り、ロケット砲や機関銃で民間船舶を脅して停船させ、乗員や積み荷ごと船舶を乗っ取り、船舶会社に身代金などを要求します。

身代金の金額は公表されていませんが、いずれの船舶会社も保険に入っていることから、日本円にして億単位のカネが支払われたとみられています。高額な身代金が海賊の増えた原因となっています。

ソマリア沖やアデン湾は東西交通の要衝にあたり、年間2万隻もの民間船舶が通過します。被害の発生を放置するわけにはいきません。
国際社会がソマリア沖の海賊対処に乗り出す中で、日本政府も対応の検討を開始し、２００９年３月13日、ソマリア沖・アデン湾における海賊行為対処のための海上警備行動を発令しました。翌14日、海上自衛隊の護衛艦２隻がソマリアに向けて出航していきました。

【資料6】ソマリア沖の海賊対処

［資料6－1］海賊対処行動

●ソマリア沖およびアデン湾における海賊対処（海賊対処法）

※海上自衛隊の活動。護衛艦1隻（16年10月までは2隻）、P－3C哨戒機2機の派遣。

※本来なら海上保安庁を活用するのが海賊対処法。自衛隊に適用された理由とは？

ソマリア沖・アデン湾での海賊等事案発生件数は、近年低い水準で推移しており、これには自衛隊を含む各国部隊による海賊対処活動等が大きく寄与している。他方、海賊を生み出す根本原因の一つであるソマリア国内の貧困や若者の就職難等は未だ解決しておらず、海賊による脅威は引き続き存在しています。日本をはじめとする各国は、この地域の海賊対処を国際的に重要な課題と捉え、引き続き事案発生防止に取組んでいる。（外務省ＨＰより）

自衛隊をソマリア沖の海賊対処に派遣する根拠法は、海賊対処法です。本来は海上保安庁の活用を想定した法律です。それでは、なぜ、海上自衛隊の護衛艦や哨戒機が派遣されているのでしょうか。

自衛隊の海外派遣は湾岸戦争後の１９９１年、海上自衛隊の掃海艇ペルシャ湾派遣から始まりました。政府は自衛隊法の「機雷等の除去」に活動地域が「海上」とあるだけで、地域を特定していない点をとらえ、自衛隊法を根拠にした初の自衛隊海外派遣に踏み切ったのです。

しかし、掃海艇のペルシャ湾派遣後、自衛隊という武力集団を海外に派遣することは慎重であるべきだとの声が与党の自民党からもあり、翌92年に国連平和維持活動（ＰＫＯ）協力法を制定して、自衛隊をカンボジアへ派遣しました。

２００１年のインド洋の洋上補給はテロ対策特措法を制定し、03年にはイラク特措法を制定して自衛隊を海外に送り込んでいます。

自衛隊を海外へ派遣する法案をめぐって憲法第９条と自衛隊活動の整合性を問う国会論議は毎回、関連法案が提出される度に行われています。法律の成立後も、いつ、どこで、何をするのか、実施計画や基本計画で定めて閣議決定し、活動開始や計画延長は、国会報告か、国会承認が義務づけられ、国会は法律制定後も活動に関与できる仕組みが確保されています。

ところが、海上警備行動は、首相の承認で防衛相が命じるだけで、どのような武器を使用するのか、どの程度まで武器を使用できるのか、いつまで活動を続けるのか、自衛隊法には何の規定もありません。活動海域は、自衛隊法第82条「海上における警備行動」に「海上」とあるのみなので、日本近海でも海外の海でも活動できることになります。その意味では、政治が軍事を統制することを意味する「シビリアン・コントロール（文民統制）」

が緩い項目といえます。

すでに説明した通り、最初の自衛隊海外派遣は1991年のペルシャ湾派遣でしたが、自衛隊法が制定された1954年当時に自衛隊の海外活動を想定していたはずがありません。

本来、海上警備行動は、海上保安庁の役割を補完するものです。その海上警備行動を根拠に、海外で自衛隊が活動するのは法の拡大解釈と批判されても仕方ありません。

しかも海賊対処法は護衛艦2隻が海上警備行動でソマリア沖に出発する前日に閣議決定されました。自衛隊派遣を最初に決めておいて、適当な根拠法がないから、海上警備行動を利用して派遣を実行する、といった手法が取られたのです。

海賊対処法案の条文には、唐突に自衛隊による「海賊対処行動」が登場します。武器使用基準も緩み、海賊船を停船させる目的の発砲を認め、「任務遂行のための武器使用」を可能にしています。

2　海上保安庁長官のウソ

ところで、海上保安庁にソマリア沖の海賊対処を実施する能力はないのでしょうか。

国会で海賊対処法案が審議された2009年4月の国会で当時の岩崎貞二海上保安庁長官は「現状の能力では巡視船の派遣は難しい」と断言しました。

能力を超える理由として、①日本からの距離、②海賊が持つ武器、③有志連合軍の軍艦が対応している、を挙げましたが、いずれも疑わしいものです。

検証します。

当時、海上保安庁が保有する巡視船のうち、ヘリコプターを搭載する大型船は13隻あり、このうち「しきしま」「みずほ」「やしま」は2機を搭載できます。複数の連装機関砲を装備し、遠洋での救難を想定した指揮・通信機能を持ち、能力は十分といえます。

衆院での法案審議では、海賊の持つ武器にロケット砲が含まれることを理由に、巡視船では強度不足とされました。筆者は海上自衛隊の佐官に「護衛艦は巡視船より船体の鉄板が厚いのですか」と聞いたところ、佐官は「たぶん変わらない。船体を厚くしたら、重量が増し、速度が遅くなってしまいます。海賊に撃たれる前提で護衛艦を造っているわけない」と笑われました。

海上保安庁には海外での活動実績もあります。

海上保安庁が2000年からアジアの国々と行った海賊対処の共同訓練は09年当時23回を数えました。

海運の大動脈、マラッカ海峡の沿岸国を重視し、海上保安庁の支援で05年、マレーシアでは海上警察など関係機関を統合した海上法令執行庁が生まれました。インドネシアでは06年沿岸警備隊創設を目指す12省庁調整会議が発足し、日本は巡視艇3隻を供与しています。

日本が提案した「アジア海賊対策地域協力協定」(参加14カ国)に基づき、06年に「海賊情報共有センター」がシンガポールに開設され、6カ国15人の職員が派遣されています。

この結果、マラッカ海峡周辺の海賊被害は2000年の80件から、2008年は8件に激減しました。日本の海上保安庁を含む「コーストガード（沿岸警備隊）」の成果といえるでしょう。

対照的にソマリア沖には各国の軍艦が海賊対策に派遣されているのも事実です。欧州各国がコーストガードを派遣する方策もあるはずですが、そもそも欧州ではコーストガード化が進んでいません。四方を海に囲まれた英国でさえ、海の警察である海上保安庁や沿岸警備隊は存在せず、海軍が海の治安を担っています。

「海上保安庁には能力がないから海上自衛隊を派遣する」

この言説がウソであることはおわかりになったと思います。日本には何としても自衛隊を海外に派遣したい、と考える国会議員や行政府の官僚たちが常に一定程度いるのです。それは自衛隊に他国侵略をさせたい、という意味ではなく、日本は他の国と変わりない軍事組織を持ち、国際社会に貢献しているとアピールする狙いだと考えられます。

その証拠に1991年のペルシャ湾派遣の当時から「自衛隊を派遣したい外務省」と隊員に犠牲が出ることを嫌って、「自衛隊を派遣したくない防衛庁（当時、2007年から防衛省）」との間で綱引きが続いてきました。戦闘地域のイラク派遣をめぐり、「お前たちも来い」といわれて自衛隊の宿営地に隣接した「外務省サマワ事務所」が置かれたこともあります。

外務省の狙いは、自衛隊を国際貢献の道具として使い、日本の国際的な評価を高めて、安全保障理事会の常任理事国になることにあると考えられています。

3　主役になったP3C哨戒機

［資料6－2］ソマリア沖およびアデン湾の海賊対処
①2009年3月海上警備行動で護衛艦2隻派遣、09年7月より海賊対処法。
②護衛艦はアデン湾の900キロから1100キロの民間船舶を警護。
③P3C哨戒機2機は、同海域を監視飛行。

護衛艦による民間船舶の護衛は、東西に長いアデン湾の西の端から東の端まで2日半かけて民間船舶を護衛して航行し、東の端まで来たら、折り返します。これをエスコート方式といいます。

また、アデン湾を数カ所に区切り、担当する海域にいて民間船舶の航行を見守る警戒監視も行っています。これをゾーン・ディフェンス方式といいます。

P3C哨戒機は2機派遣されていて、アデン湾上空からの警戒監視飛行を行っています。

〈特徴〉
●海上は、米国主力のCTF151[*1]（Combined Task Force 151）、欧州連合海上部隊[*2]（EUNAVFOR）は分担した海域を警護するゾーン・ディフェンス方式。日本（1隻）、中国、ロシアなどはエスコート方式をとり、日本はCTF151にも参加。その時々で両方式を使い分ける。

＊1　ソマリア沖の海賊への対処を任務とする米国中心の多国籍海上部隊。
＊2　ソマリア沖の海賊への対処を任務とする欧州連合の海上部隊。

（防衛省の資料より）

●日本周辺では防衛交流が進まない中国海軍ともジブチ港で艦艇の相互訪問。
●哨戒機派遣は、海自のほか、ドイツ、スペインの2カ国。
●米国は海賊対処に航空機を出しておらず、海自の航空部隊は最大勢力。
●謎の米軍基地、ジブチの「キャンプ・レモニエ」。

ソマリア沖の海賊対処に参加している国々は個別参加、団体参加の2通りがあります。CTF151というのはCombined Task Force 151、つまり統合任務部隊151の略で、司令部は米中央海軍司令部の置かれている中東のバーレーンにあります。

参加国は米国のほか、日本、カナダ、デンマーク、フランス、オランダ、パキスタン、イギリス、オーストラリアなどです。

海上自衛隊の護衛艦は当初、2隻によるエスコート方式をとっていましたが、2013年12月から護衛艦1隻をCTF151に参加させました。2014年2月からはP3C哨戒機も参加しています。

ジブチ港を出港する海上自衛隊の護衛艦（筆者撮影）

２０１５年５月31日、海上自衛隊の海将補（他国の少将に相当）がＣＴＦ１５１の司令官に就任。これまでに４人が司令官になっています。

海外における武力行使を禁止されている自衛隊が他国軍を指揮できるのでしょうか。

この疑問に対し、海上自衛隊は「司令官が行うのは連絡調整であり、強制力のある指揮統制は行っていない」と回答しています。自衛隊の活動が集団的自衛権の行使に該当するのではないか、との疑いが出た場合、ほとんどの場合、「連絡調整」の言葉が使われます。

もうひとつの団体参加である欧州連合海上部隊（ＥＵＮＡＶＦＯＲ＝ＥＵナブフォー）は、ベルギー、イギリス、フランス、ドイツ、イタリア、ギリシャ、オランダ、スペイン、スウェーデンの各国でソマリアの海賊対処のための警戒監視や民間船舶の護衛

海賊船（防衛省提供）

を行っています。

海賊対処には中国海軍も駆逐艦を派遣していて、自衛隊と同じくジブチを拠点に活動しています。日中両国は海賊事案についての情報交換のほか、互いの艦艇への親善訪問を実施し、日本の周辺で対立することが多い日中の関係とは、別の様相を見せています。

P3C哨戒機の役割はとても重要です。上空から見れば、海賊船か、漁船かは一目でわかります（写真は防衛省提供）。

①必要以上の人が乗っている、②高速で走れるようエンジンを複数つけている、③乗っ取った船に登るためのハシゴがある、④漁網など漁業の道具を積んでいない、など、視線の低い艦艇からは見えない様子が、上空からならば、これらの特徴がすぐにわかるからです。

日本はP3C哨戒機2機の派遣を続けていますが、欧州各国は撤収したり、再び派遣したりを繰り返し、現状で哨戒機を派遣しているのはドイツとスペインだけです。日本のP3C哨戒機は必要とされる上空からの監視活動の8割を引き受け、残りをドイツ、スペインで分け合っています。

ジブチ拠点のP3C哨戒機（筆者撮影）

米国が1機も哨戒機を派遣していないのは不思議だと思いませんか。

2000年10月、イエメンの港に停泊していた米海軍の駆逐艦コールがテロリスト集団「アルカイダ」の自爆テロ攻撃を受け、乗員17人が死亡しました。

この事件をきっかけに米国はテロとの戦いに乗り出しますが、手遅れとなり、2001年9月11日米同時多発テロが起きてしまうのです。

駆逐艦コールへの自爆テロ事件を受けて、米国はジブチに陸海空軍合同の航空基地「キャンプ・レモニエ」を開設します。この基地には戦闘機、哨戒機、輸送機、無人偵察機などの多くの航空機が配備され、主に中東におけるテロとの戦いに使われています。

海上自衛隊のP3C哨戒機と同じタイプの哨戒機も10機以上置かれていますが、テロとの戦いに回して、海賊対処には使っていません。

見方を変えれば、日米の良好な関係の中で、海賊対処は自衛隊に任せ、米軍はテロ対処に特化しているといえるでしょう。自衛隊は米軍の補完をしている、と言ってもよいかもしれません。

※任務遂行のための武器使用ができる。

〈海賊対処法第６条〉

「海上保安官又は海上保安官補は、海上保安庁法第20条第1項において準用する警察官職務執行法（昭和23年法律第１３６号）第7条の規定により武器を使用する場合のほか、現に行われている第３条第３項の罪に当たる海賊行為（第2条第6号に係るものに限る）の制止に当たり、当該海賊行為を行っている者が、他の制止の措置に従わず、なお船舶を航行させて当該海賊行為を継続しようとする場合において、当該船舶の進行を停止させるために他に手段がないと信ずるに足りる相当な理由のあるときには、その事態に応じ合理的に必要と判断される限度において、武器を使用することができる」

〈海賊対処法第7条〉

「防衛大臣は、海賊行為に対処するため特別の必要がある場合には、内閣総理大臣の承認を得て、自衛隊の部隊に海上において海賊行為に対処するため必要な行動をとることを命ずることができる。この場合においては、自衛隊法（昭和二十九年法律第百六十五号）第八十二条の規定は、適用しない」

前記は自衛隊が「任務遂行のための武器使用」を可能とする海賊対処法の条文です。

4　自衛隊初の海外基地「拠点」

［資料６－３］ジブチにおける自衛隊独自の派遣航空隊のための拠点開設（２０１１年６月）

２０１１年６月、運用の効率性向上を図るなどの観点から整備してきた、Ｐ３Ｃ哨戒機部隊が独自に使用する活動拠点が完成し、運用を開始した。同年７月７日に、ジブチ側からディレイタ首相（当時）を招待し、小川勝也防衛副大臣（当時）主催で新活動拠点開所記念式典を実施した。外務省は２００９年３月、ジブチに連絡事務所を設置し、２０１２年１月にはこの事務所を大使館へ格上げした。

防衛省はジブチ政府と土地賃貸契約をしてＰ３Ｃ哨戒機の拠点を開設しました。Ｐ３Ｃ哨戒機の格納庫、事務棟、隊舎、体育館、浴場、娯楽施設が建設され、Ｐ３Ｃ哨戒機の警護を担当する陸上自衛隊の隊員を含めて約１１０人が常駐しています。自衛隊が海賊対処を本格化させたことで外務省は大使館のなかったジブチに連絡事務所を開設し、続いて大使館を置きました。

日本政府はアフリカの大使館を2、３カ国共用としており、大使館のない国も珍しくありません。南スーダンでも自衛隊のＰＫＯと合わせて大使館が開設されています。

［資料６－４］２０１８年８月、中国はジブチに初めての海外基地を開設。防衛省はジ

ブチの拠点を追加購入して拡大した。

中国は2018年8月、海外基地をジブチに置きました。中国のジブチ進出に対抗して、防衛省は2017年度防衛費に11億円を計上し、ジブチの拠点を12㌶から15㌶に拡張しました。敷地を広げて、中国軍に敷地の外から監視されないようにするためとみられます。

中国にとってジブチの基地は初めて開設した海外基地です。敷地は約36㌶。民間港湾と軍事基地を兼ねており、習近平国家主席が打ち出した巨大外交・経済圏構想「一帯一路」[*3]の途中にあります。

一帯は陸上交通路、つまり現代のシルクロードであり、一路は海のシルクロードです。中国の影響力を欧州、中東、アフリカにまで延ばす単なる外交・経済圏構想ではなく、軍事拠点を確保する意味が含まれています。

これにより、ジブチに基地を置く米国、日本、中国の3カ国による「日米対中国」の構図がアフリカでも再現されることになりました。

5 「調査・研究」名目で中東へ派遣

[資料6－5] 防衛省設置法の「調査・研究」に基づく、自衛隊中東派遣

米国とイランの対立による中東の情勢悪化に対応し、自衛隊を派遣。米国主導の有志連合[*4]には加わらない日本独自の派遣。

＊3 中国の習近平総書記が提唱した広域経済圏構想。中国からユーラシア大陸を経由してヨーロッパにつながる陸路の「シルクロード経済ベルト」（一帯）と、中国沿岸部から東南アジア、南アジア、アラビア半島、アフリカ東岸を結ぶ海路の「21世紀海上シルクロード」（一路）の2つの地域で、インフラストラクチャー整備、貿易促進、資金の往来を促進する。安全保障政策の一環でもある。

①２０１９年12月閣議決定により、派遣決定。↑多くの批判。「根拠法の防衛省設置法は防衛省の組織、あり方を決めた法律であり、運用のための法律ではない」
②護衛艦１隻、哨戒機２機（海賊対処活動と重複）

安倍政権は２０１９年12月17日の閣議決定で中東への自衛隊派遣を決めました。２０２０年１月にはＰ３Ｃ哨戒機２機、２月には護衛艦１隻が中東へ派遣されましたＰ３Ｃ哨戒機は、海賊対処の任務が終わり、帰国する２機と交代したものです。派遣された２機のうち、１機が「調査・研究」を兼ねています。

近年の中東の混乱は、２０１８年５月、トランプ米大統領がイランの核開発をめぐる６カ国合意[*5]から一方的に離脱したことから始まりました。米国はイランへの経済制裁を強め、反発したイランは19年５月から核開発を再開させました。

19年６月以降、中東では民間船舶への攻撃や米軍の無人機のイランによる撃墜、サウジアラビアの油田へのミサイル攻撃、米国によるイラン革命防衛隊の司令官殺害などが連続し、情勢は一気に不安定化しました。

同年６月、日本関連船舶が何者かの攻撃を受けた際、「自衛隊派遣は考えていない」（菅義偉官房長官）としていたにもかかわらず、米国主導の有志連合が同年11月に立ち上がると急に自衛隊派遣が決まります。

派遣の根拠は防衛省設置法の「調査・研究」です。同法は防衛省や自衛隊の組織や所掌

＊４　２０１９年11月、イランを牽制する目的で米国が立ち上げた多国籍軍事組織。米国、英国、豪州、バーレーン、サウジアラビア、アラブ首長国連邦、アルバニア、リトアニアの８カ国からなる。

＊５　２０１５年７月、イランのロウハニ政権が米国、英国、ドイツ、フランス、中国、ロシアの６カ国に約束した核関連活動に関する制約の取り決め。

事務を定めた「あり方法」であり、運用法ではありません。「法の拡大解釈」との批判の中で安倍政権は閣議で派遣を決定したのです。

「調査・研究」に基づいて、中東への自衛隊派遣は1等海佐（1佐＝他国軍の大佐）が3人も送り込まれ、この種の海外活動では異例の高官派遣となりました。際立つのは自衛隊として米海軍の中枢のひとつである米中央海軍司令部に初めて連絡幹部を派遣したことと、その連絡幹部が派遣された3人の1佐のうちの1人であることです。

米軍主導の「有志連合」司令部を兼ねる米中央海軍司令部への高官派遣は、日本政府が「参加しない」と明言する「有志連合」への実質的な参加を意味しています。「有志連合」は米国が60カ国以上の国々に呼び掛けたにもかかわらず、参加は6カ国にとどまりました。

米国を除けば、艦艇を派遣するのは英国、オーストラリアの2カ国しかありません。その中で日本の護衛艦1隻、哨戒機1機の中東派遣は「有志連合」の貧弱な情報収集態勢の「補完」をしています。

米中央海軍は中東の親米国バーレーンに置かれ、「米海軍第5艦隊」と「多国籍軍による連合海上部隊」を束ねる米海軍の主要司令部となります。ペルシャ湾、オマーン湾、紅海などの中東海域とケニア沖などの東アフリカ海域を任務海域としています。

この米中央海軍司令部に2020年1月中旬、海上自衛隊の岩重吉彦《いわしげよしひこ》1佐が連絡幹部として派遣され、着任しました。岩重1佐は、横須賀基地にある米海軍第7艦隊司令部の連絡官や海上幕僚監部総務課渉外班を務めた対米連携の専門家です。

これまで自衛隊連絡幹部のバーレーン派遣は、連合海上部隊のひとつである海賊対処を任務とする「CTF（統合任務部隊）151」への派遣にとどまり、現在、CTF151では1尉（大尉相当）1人が勤務しています。

CTF151の上部機関である米中央軍司令部への派遣は過去1例もなく、連絡幹部として1佐をバーレーンに派遣するのも今回が初めて。CTF151に対し、より上位にある米中央海軍司令部への高級幹部の派遣は「有志連合」が2019年11月に立ち上げた「オペレーション・センチネル（番人作戦）」をめぐり、日本が米国と密接に関わることを意味します。

米軍は「連絡幹部の階級」「派遣部隊の対米貢献度」などを基準に相手国へ提供する情報の質・量を変えています。例えば、2佐より1佐の方が出席できる会議の数が多く、自ずと得られる情報にも違いが出てきます。また艦艇だけより、艦艇と航空機を派遣した方が米国との間で交換する情報の中身は濃いことになるのです。

「有志連合」への参加を表明した国々による「対米貢献度」を見てみましょう。

英国は駆逐艦2隻を参加させ、オーストラリアはフリゲート艦1隻とP3C哨戒機1機の派遣を表明していますが、同じ「有志連合」のバーレーン、サウジアラビア、アラブ首長国連邦（UAE）、アルバニアはいずれも艦艇や航空機の派遣を表明していません。

一方、連絡幹部を派遣したうえ、護衛艦「たかなみ」とP3C哨戒機を派遣する日本は、実態がスカスカの「有志連合」に対し、多大な貢献をするのは間違いありません。

海上自衛隊の活動海域は、イランを刺激することになるペルシャ湾とホルムズ海峡[*6]こそ除外していますが、「有志連合」が活動海域と定めたオマーン湾からバブ・エル・マンデ

＊6　ペルシャ湾とオマーン湾の間にある海峡である。北側のイラン、南側のオマーンの飛び地に挟まれ、最も狭いところの海峡幅は約33キロメートル。

ブ海峡[*7]までの公海で情報収集するため、「有志連合」の補完的役割を果たすことになるのです。

もともと海賊対処としてアフリカのジブチを拠点に派遣されているP3C哨戒機2機は、CTF151が必要とするアデン湾上空からの監視活動の8割を受け持ち、残り2割を英国、フランスなど欧州5カ国で分け合っています。つまり、海賊対処の監視飛行は、海上自衛隊が「主力」となっているのです。

2020年1月11日、那覇基地を出発したP3C哨戒機2機は20日、アデン湾上空からの監視飛行を開始しました。海賊対処と防衛省設置法の「調査・研究」に基づく情報収集という二足のワラジを履いた活動とはいえ、監視飛行の8割を受け持つのですから、「オペレーション・センチネル」においても中心的な役割を担うことになるのは自明でしょう。

中東へ派遣された残り2人の1佐は2月2日に横須賀基地を出航する護衛艦「たかなみ」艦長の新原綾一《にいはらりょういち》1佐と「たかなみ」を含む4隻の護衛艦を指揮する第6護衛隊司令の稲《いな》葉洋介《ばようすけ》1佐です。

稲葉1佐は第6護衛隊の残り3隻を上部機関の第2護衛隊群司令に預けて「たかなみ」に乗艦しました。海賊対処に護衛艦2隻を派遣していた2016年12月までは護衛隊司令もアデン湾に来ていましたが、1隻の護衛艦のために護衛隊司令が日本を離れ、中東に活動拠点を移すのは珍しいことです。

ちなみに海賊対処で現在、中東へ派遣されている護衛艦を指揮する水上部隊の指揮官およびジブチに拠点を置くP3C哨戒機を指揮する航空隊の司令は、それぞれ2佐です。

海上自衛隊は、海賊対処で派遣する幹部を2佐にとどめる一方で、「調査・研究」によ

＊7　アラビア半島南西部のイエメンと東アフリカのエリトリア、ジブチ国境付近の海峡。

る情報収集には1佐を3人も派遣したのです。これは海上自衛隊が今回の中東派遣を重要視している何よりの証拠といえるでしょう。

２０１９年12月27日の閣議決定では、自衛隊の派遣目的を「日本関係船舶の安全確保に必要な情報収集」としていたにもかかわらず、安倍首相は1月11日からサウジアラビア、ＵＡＥ、オマーンを訪問し、各国に自衛隊派遣の説明をした際、13日付のツイッターで「日本関係船舶の安全を確保するため自衛隊を派遣することについても、完全な理解と支持を頂きました」とつぶやきました。

「安全確保に必要な情報収集」がいつの間にか「安全確保」そのものに変わっています。「安全確保」のためには自衛隊による日本関係船舶の護衛などの具体的な対応が必要になりますが、今回の派遣は「調査・研究」つまり「見ているだけ」にとどまるはずです。

日本関係船舶に不測の事態が起きた場合、自衛隊法に基づき海上警備行動を発令することも閣議決定に含まれるものの、発令するには防衛相が首相の承認を得る必要があります。近くで日本関係船舶が襲撃された場合、そんな手続きを行う余裕などあるでしょうか。

護衛艦1隻の派遣にもかかわらず、海上自衛隊が護衛隊司令を乗艦させることにしたのは、現場で武器使用を決断できる立場にあると考えた結果ではないでしょうか。

1佐3人の派遣は、安倍政権が政治決断を避けてあいまいにしている中東派遣の真の狙いが「日本関係船舶の安全確保」と海上自衛隊が忖度し、いざという時に現場に決断させる覚悟を示したものといえるでしょう。

裏を返せば、これまでの自衛隊海外派遣で繰り返されたのと同様、機能不全に陥った「シビリアン・コントロール」を制服組が補い、「終わりよければすべてよし」につなげるシナリオが今回も描かれたといえます。

新型コロナウイルスの感染は中東へも拡大しており、派遣された護衛艦は補給と休養のために寄港中も上陸を許されず、乗員たちは密閉、密集、密接の「3密」の艦内に閉じ込められました。

またP3C哨戒機の乗員はジブチ政府が外国人の入国を禁止したことから、交代ができず、整備が必要な機体だけを交換して隊員らは引き続き、ジブチを拠点に活動を続けました。

海賊に乗っ取られた民間船舶は2017年の3隻を除けば、2014年から2019年までゼロが並びます。発生件数も19年はゼロと海賊被害は激減しています。

また、「調査・研究」による中東派遣は、中東情勢を悪化させたトランプ米大統領の尻拭いにほかならないのではないでしょうか。現在の中東における自衛隊の活動が、「不要不急」な活動であるのか否かの見極めが必要な時期を迎えています。

第7回　テロ、イラク特措法による海外派遣

[資料 7] テロ、イラク特措法による海外派遣

1　米艦艇にインド洋で洋上補給

第7回の授業にあたる今回は「資料7　テロ、イラク特措法による海外派遣」について勉強します。

特措法というのは正式には特別措置法といって、緊急事態に際して現行の法制度では対応できない場合に、期間や目的などを区切って集中的に対処する目的で特別に制定される法律のことです。

恒久法と違って、期限が切れれば消滅し、法律としての効力を失います。自衛隊の活動で特措法に基づく海外活動は、テロ特措法、イラク特措法の2例しかありません。

テロ特措法は、２００１年9月11日に発生した米同時多発テロに関連して、米国がアフガニスタン攻撃を開始し、小泉純一郎政権は、この戦争を支援する立場から自衛隊のインド洋派遣を決め、自衛隊派遣を可能にする法律を制定しました。

【資料7】テロ、イラク特措法による海外派遣

【資料7－1】テロ対策特別措置法

平成13年（２００1年）9月11日のアメリカ合衆国において発生したテロリストによる攻撃等に対応して行われる国際連合憲章の目的達成のための諸外国の活動に対して我が国が実施する措置及び関連する国際連合決議等に基づく人道的措置に関する特別措置法

インド洋でパキスタン軍の駆逐艦に洋上補給する海上自衛隊の補給艦「ときわ」（手前）（筆者撮影）

（首相官邸ＨＰより）

※海上自衛隊の補給艦による洋上補給が中断をはさみ、９年間続いた

〈補給相手〉

アメリカ、パキスタン、フランス、カナダ、イタリア、イギリス、ニュージーランド、ドイツ、ギリシャ、オランダ、スペインの11カ国。

インド洋における海上自衛隊の活動は、搭載した燃料や食糧を他の艦艇に供給する役割の補給艦をインド洋に派遣して、洋上で他国の艦艇に燃料と飲料水を提供することでした。

当初は２年間の時限立法でしたが、延長を繰り返し、中断を挟んで、結局、テロ特措法に基づく活動は９年間におよびました。テロ特措法に反対していた民主党が政権を取るまで続いたのです。

そもそも米国によるアフガニスタン攻撃は、米国が米同時多発テロの犯人をアフガニスタンのイスラム教原理主義「タリバン」[*1]政権の支持を受けたテロリスト集団「アルカイダ」[*2]による犯行と断定し、自衛権を行使してアフガン空爆を開始したことにあります。英国は集団的自衛権を行使してこの戦争に参戦しました。

犯罪行為に対して軍隊を派遣することが妥当か否かの議論はあったものの、米国は崩れ落ちる世界貿易センタービルの衝撃から、国家として報復することを決めたのです。

小泉首相の指示を受けて策定されたテロ特措法の最大の特徴は「自衛隊が米国の戦争を支援する」ことにあります。ただし、武力行使を禁じた憲法第9条の制約から、非戦闘地域での後方支援にとどまりました。

テロ特措法が施行された後の2007年10月10日の衆院予算委員会で、福田康夫《ふくだやすお》首相は「9・11という非常に衝撃的な事件が起こって、米国の自衛というようなことが行われた。それに協力する、そういう立場だった」と述べ、テロ特措法の目的が米軍の後方支援だったことを明快に示しています。

また、同委員会で高村正彦《こうむらまさひこ》外相は民主党の岡田克也氏から「(米国は)アフガン本土をミサイル攻撃したり、空爆したりということは、これはやっていますね」と聴かれ、「当初はやっておりました。(中略)それについてテロ特措法で(海上自衛隊は)補給していた、こういうことです」と答え、提供した燃料が戦争に使われたことを正式に認めました。

＊1　パキスタンとアフガニスタンで活動するイスラム原理主義組織。1994年にムハンマド・オマルが創設し、1996年からアフガニスタンの大部分を実効支配した。2001年の米国によるアフガニスタン攻撃で米軍などと交戦した。現在もアフガニスタンの約1割の郡を勢力圏に収めている。

＊2　イスラム主義を掲げるスンニー派ムスリムを主体とした国際テロ組織。ソ連のアフガニスタン侵攻を受けて、抵抗運動に参加していたウサーマ・ビン・ラディンらによって結成された。2001年の米同時多発テロなど米国を標的にした数々のテロを実行した。

2　3段階で変化した補給目的

洋上補給は2001年12月、米艦艇を相手にして始まり、02年1月に英艦艇への補給が行われて以降、対象国は次々に増えていき、最終的に11カ国にまで拡大されました。

この過程で洋上補給の名目は

①「米国による自衛戦争を支援するため」

②「各国艦艇による海上阻止活動のため」（海上阻止活動＝Maritime Interdiction Operation ＝MIO）」

③「海洋の安全と安定を図る海上安全活動のため」（海上安全活動＝Maritime Security Operation ＝MSO）

と3段階で変化しました。

洋上補給の目的は、「対米支援」から「テロリストによる密輸などを防ぐ海上阻止活動」、そして「海の安全確保活動」へと3段階で大きく変化したにもかかわらず、日本政府は「国際社会から感謝されている」として見直さず、テロ特措法は延長を繰り返したのです。

米国や英国の補給艦から燃料を受ければ有償です。しかし、日本からもらえば無償、つまりタダですから感謝されるのは当たり前の話ではないでしょうか。

〈「武力行使の一体化」をめぐる政府見解〉

①戦闘活動が行われている、または行われようとしている地点と当該行動がなされる場

所との地理的関係、②当該行動等の具体的内容、③他国の武力の行使の任に当たる者との関係の密接性、④協力しようとする相手の活動の現況等の諸般の事情を総合的に勘案して、個々的に判断さるべきものである、そういう見解をとっております。

（1997年2月13日、衆院予算委、大森政輔《おおもりまさすけ》内閣法制局長官答弁、○数字は筆者）

アフガニスタン攻撃に向かう米艦艇に対する燃料補給は、「武力行使の一体化にあたるのではないか」との批判は野党などから出ていました。実際に全国の裁判所でテロ特措法違憲訴訟も提起されました。

政府は「武力行使の一体化」について、前記の大森政輔内閣法制局長官が示した「大森4原則」を基準に判断しています。

海上自衛隊の補給艦は、非戦闘地域の洋上で米艦艇に燃料を補給する。補給を受けた米艦艇は戦闘地域に戻って、戦闘を再開する。洋上補給はそんな図式でした。すると大森4原則に照らして、①の地理的関係が関連してきます。

つまり、燃料を受けた地点と戦闘に参加する地点は離れているから地理的、また時間的に米軍の武力行使とは一体化しないというのです。

しかし、米艦艇は燃料がなければ動くことができず、戦闘することができません。そうだとすれば、自衛隊からの燃料は米軍の武力行使に欠かせないものということができます。

全国で提起された違憲訴訟は、原告となった人々に「原告適格がない」（＝自衛隊の洋上補給に関して利害関係がない）との理由から、いずれも裁判所に却下されました。

3　1990年の国連決議でイラクへ派遣

［資料7－2］イラク特別措置法

（目的）国連安保理決議第678号⑴、第687号⑵及び第1441号⑶並びにこれらに関連する安保理決議に基づき国連加盟国によりイラクに対して行われた武力行使並びにこれに引き続く事態を受けて、国家の速やかな再建を図るためにイラクにおいて行われている国民生活の安定と向上、民主的な手段による統治組織の設立等に向けたイラクの国民による自主的な努力を支援し、及び促進しようとする国際社会の取組に関し、我が国がこれに主体的かつ積極的に寄与するため、国連安保理決議第1483号を踏まえ、人道復興支援活動等を行うこととし、もってイラクの国家の再建を通じて我が国を含む国際社会の平和及び安全の確保に資する。（首相官邸ＨＰより）

〈イラクにおける自衛隊の活動根拠〉

陸上自衛隊、航空自衛隊による人道復興支援活動。陸自は給水、施設復旧、医療指導、空自はそれらの後方支援。ただし、空自の活動は陸自撤収後、米兵空輸（政府は中身を秘匿したものの、名古屋高裁から違憲判決）。

〈国連決議〉

①678（1990年11月29日）イラクにクウェートからの無条件撤退を求めた

②６８７（１９９１年４月３日）湾岸戦争後、イラクに和平条件（化学兵器・弾道ミサイル廃棄）を示した

③１４４１（２０００年11月４日）イラクに武装解除を求めた

※いずれも国連加盟国に武力行使を認めた決議ではないことが重要

ここではイラク特措法について説明します。

イラクの母子病院への保育器提供式で警護する陸上自衛隊の装甲車（筆者撮影）

イラク特措法は、米国が始めたイラク戦争について、日本が対米支援することを目的として制定された時限立法です。

米国は２００３年３月20日、「イラクのフセイン政権が大量破壊兵器（核兵器、化学兵器など）を隠し持っている」と今ではウソとわかっている理由で、イラク戦争を始めました。

当時の小泉首相が世界に先駆けて、この戦争の支持を表明したところ、米政府から「Boot on the Ground」（ブーツ・オン・ザ・グラウンド＝陸上自衛隊を派遣せよ）」と求められ、陸上自衛隊をイラクに派遣するためのイラク特措法を制定したのです。

当初、日本政府は自衛隊を派遣するにはイラク戦争の大義が必要と考え、米政府に国連決議を取るよう求めました。しかし、国連機関がイラクの核兵器査察中だったにもかかわらず、一方的に戦争に踏み切った米国が加盟国の支持を得られるはずもなく、結局、国連決議を得ることはできませんでした。

前記の首相官邸のホームページに書かれているイラク戦争の理由を見てください。

国連安保理決議６７８、６８７、１４４１とあり、あたかもイラク戦争に国際社会が賛同しているかのような立て付けになっています。

ところが、国連決議６７８（１９９０年11月29日）は、湾岸戦争のきっかけとなったイラクのクウェート侵攻に際し、イラクにクウェートからの無条件撤退を求めたものです。イラク戦争より12年も前の国連決議ですし、湾岸戦争はとうの昔に終わっています。こんな古い決議がイラク戦争の理由だなんて、こじつけというものです。

また国連決議６８７（１９９１年4月3日）は、湾岸戦争後のイラクに和平条件（化学兵器・弾道ミサイル廃棄）を示したものです。国連決議１４４１（２０００年11月４日）はクウェート侵攻したイラクに対し、武装解除を求めたものです。

日本政府が挙げた3本の国連決議は、とうていイラク戦争を正当化する理由とはいえません。

そして重要なのは、いずれも国連加盟国にイラクに対する武力行使を認めた決議ではないことです。武力行使を認めていない決議を引用して、イラク戦争を支援するイラク特措法をつくったのですから、イラク特措法自体に正当性があるのか疑われるところです。

［資料7－3］ 特措法派遣年表

2001年

9月 米同時多発テロ事件発生

10月 米軍のアフガニスタン攻撃開始

11月 テロ特措法が成立。護衛艦2隻、補給艦1隻を派遣

12月 補給艦「はまな」がインド洋上でアメリカ海軍への燃料補給を開始

2002年

1月 英海軍への燃料補給を開始（仏、独、伊、パキスタンなど11カ国に拡大）

12月 イージス護衛艦「きりしま」を初めて派遣

テロ、イラク特措法の流れがわかる年表となっています。

米国がアフガニスタン攻撃に踏み切り、次にイラク戦争を引き起こしたのに対し、日本政府は同盟国の立場から、２つの戦争とも支援したことがわかります。

米国と兄弟国の英国は別にして、同盟国、友好国でも米国との距離をとる国もありました。例えば、ドイツとフランスは、イラク戦争に際し、国連によるイラクの査察が継続中であることを理由にイラク戦争に反対し、軍隊を派遣しませんでした。

このように米国との関係を是々非々で判断する国もある中で、日本は盲目的に米国に付き従う、つまり対米追従が際立つ国となっています。

その対米追従のシンボルとなるのが、米国が戦争を引き起こす度に特措法を制定して道具のように使われる自衛隊です。

日本は他の先進国と同様に国民の代表である政治家が自衛隊を統制する「シビリアン・コントロール（文民統制）」を採用しています。自衛隊は政治の決定に従うほかありません。

4　制服組の説得工作

しかし、国会議員と自衛隊幹部との間で軍事知識の質・量に圧倒的な力量差があるのが現実です。陸海空の各幕僚監部のうち、エリート揃いの防衛部防衛課防衛班の「防・防・防」の主な仕事のひとつに国会対策があります。

制服を背広に着替えてひそかに国会議員と会い、安全保障政策について説明します。その結果、制服組の考えが国会議員に浸透することになり、自衛隊に関する政治決定に影響を与えることになるのです。自衛隊が政治家を統制する「逆シビリアン・コントロール」は当たり前のように実践されています。

自衛隊のインド洋派遣を検討していた当時、こんな新聞記事が載りました。

〝政治家は腹くくって　テロ新法で自衛官、官房副長官に深夜の直訴〟

「実際に派遣される制服の自衛官は政治家に不信感がある。安全だから行かせるという今までの議論は変えるべきだ」。安倍晋三官房副長官は3日、東京都内で講演し、自衛隊幹部から「政治家は腹をくくってほしい」と直訴されたエピソードを紹介。テロ対策特措法で「危険な場所」に派遣することを前提に、武器使用の制限を緩めることなどへの理解を求めた。

安倍氏によると、自衛隊幹部らは9月21日深夜、安倍氏の自宅を訪ね、自衛隊派遣に対する要望を示した。幹部は「隊員がけがをしたり亡くなったりした時に、政治家が『すぐ帰って来なさい』というのであれば初めから出さないでもらいたい」と求めた。

講演の中で、安倍氏は「自衛隊のみなさんが無事に任務を遂行し、帰って来られる態勢で行かなくてはならない」と強調した。

（2001年10月4日／朝日新聞）

その後、2回首相になる安倍氏が官房副長官だったころのエピソードです。有力政治家に対する現役の幹部自衛官による働き掛けがあった事実を淡々と紹介しています。制服組による働き掛けを異常とは思っていないようです。

別の話もあります。

テロ特措法には陸上自衛隊のアフガニスタン派遣が含まれ、野戦病院の設営や地雷除去が想定されました。「誤った活動」と判断した陸上幕僚監部防衛部防衛課防衛班のエリート幹部たちが制服を背広に着替えて夜間、自民党の有力政治家の自宅を訪問し、派遣を中止するよう説得して回りました。

陸上自衛隊のアフガニスタン派遣は法律上、残りましたが、派遣は見送られたのです。

２００３年
3月　イラク戦争勃発
7月　イラク特措法が成立
12月　イラク派遣を閣議決定

２００４年
1月　陸上自衛隊をイラク派遣
3月　航空自衛隊のＣ１３０輸送機が初任務
4月　サマワ宿営地に初着弾（以後13回22発が発射されたうち3発が着弾）

２００６年
7月　陸上自衛隊がイラクから撤収
11月　テロ対策特別措置法が延長されず期限切れにより失効

２００８年
1月　新テロ特措法が成立し、活動を再開
4月　名古屋高裁が判決でイラク空輸は憲法違反と言及
12月　航空自衛隊がクウェートから撤収

２０１０年

1月　新テロ特措法の期限切れに伴い、給油活動が終了

イラク派遣はPKOと違って、自衛隊が参加するのに不可欠な「停戦の合意」を派遣の前提とはしていません。

現に米軍がイラク軍の残党などの武装勢力と戦闘を続けている最中のイラクに派遣されることになりました。そこで政府は、自衛隊が戦闘に巻き込まれないよう「非戦闘地域」という概念を生み出し、その「非戦闘地域」への派遣を打ち出しました。

戦争が続くイラクの中でも安全な地域はあるから、そこへ自衛隊を派遣するというのです。

5　自衛隊宿営地にロケット弾22発

２００３年12月、イラク特措法に基づき、航空自衛隊のＣ１３０輸送機がクウェートに派遣、翌04年1月以降、陸上自衛隊約６００人がイラク南部のサマワに派遣されました。陸上自衛隊の活動はイラク特措法の人道復興支援にあたる施設復旧、給水、医療指導の３項目でした。

「非戦闘地域」に派遣されたにもかかわらず、派遣期間の2年半の間に13回22発のロケット弾が宿営地へ向けて発射され、うち２発が宿営地内に落下。１発はコンテナを突き破りましたが、幸い不発弾で死傷者は出ませんでした。

イラクで対戦車ロケット砲で宿営地を警護する陸上自衛官（筆者撮影）

一方、クウェートに派遣された航空自衛隊はC130輸送機でイラクのサマワ近くの空港まで陸上自衛隊の人員や物資を空輸しました。

しかし、2006年7月に陸上自衛隊が撤収すると、武装した米兵をイラクの首都バグダッドまで定期便として週3回ほど空輸していたのです。

この空輸活動について日本政府は「これからは国連物資や人員を運ぶ」と国民にウソをついています。情報公開請求しても空輸の中身は黒塗りばかり。しかし、イラク派遣に反対した民主党が政権をとる直前になって、防衛省はイラクでの活動の全貌を明らかにします。

5年間におよんだ空輸で運んだ人員は、国連職員が2799人、陸上自衛隊が1万895人、そして米軍が2万3727人でした。陸上自衛隊が撤収して以降は、米軍のための空輸活動だったということができます。

またC130輸送機がバグダッド上空まで来ると、地上から携帯ミサイル[*3]にロック・オ

＊3　肩にのせて射撃する小型の地対空ミサイル。低空を飛ぶ航空機、ヘリコプターの脅威となっている。

ンされたとの警報が機内に鳴り響き、自動的にミサイルの眼をごまかすフレアーという火の玉が発射されます。それだけでは不安なので操縦士は機体を左右に切り返し、らせん状に降りるスパイラル降下をしながら着陸します。

イラク空輸のため派遣されたC130輸送機（防衛省提供）

この機に乗ったという私の知り合いは、「機内で米兵は激しく嘔吐し、地獄絵図のようだった」と話しています。

航空自衛隊の空輸活動は2008年4月、名古屋高裁から「航空自衛隊の空輸活動は米軍の武力行使と一体化し、憲法に違反している」との判決を受け、確定しました。政府は「違憲部分は判決文の傍論にすぎない」（福田康夫首相）と述べ、派遣を継続しましたが、結局、同年12月に撤収し、自衛隊のイラク派遣は終わりました。

テロ、イラク特措法による自衛隊の海外派遣は、どちらも米国の戦争を支援する目的で慌ただしく法律をつくり、自衛隊をインド洋へ、またイラクへと送り出しました。

もちろん日本政府には、米国の戦争を支持しないという選択肢もあります。しかし、安倍晋三首相は2015年5月26日の衆院本会議で「日本は米国の武力行使に国際法上違法な武力行使として反対したことはありません」と述べています。

過去に反対したことがないのだから、おそらく将来とも米国の戦争に反対することはないでしょう。

〈特措法から恒久法へ〉

2015年
4月　「日米防衛協力のための指針（ガイドライン）」を改定
5月　安全保障関連法（安保法）案を閣議決定
9月　安保法が成立

2016年
3月　安保法制が施行（南スーダンPKOで「宿営地の共同防護」実施可能）
11月　安保法制に基づく「駆け付け警護」を閣議決定

2017年
3月　南スーダンPKO部隊の撤収決定（5月撤収）
5月　安保法制に基づく武器等防護（米輸送艦を海上自衛隊の護衛艦が警護）

〈2018年1月22日の施政方針演説（安倍首相）〉

「北朝鮮情勢が緊迫する中、自衛隊は初めて米艦艇と航空機の防護の任務に当たりました」と米軍防護を初めて公表。米航空機の防護はこれ以前にも以後にも公表されていない。

米軍防護の中身は1年分の活動を国家安全保障会議[*4]（NSC）への報告後とされ、国民への公表はさらにその後なので1年以上も前に行った米軍防護を知る結果になりかねない。しかも、2月のNSCへ「書面」で報告後は「それぞれ1件」とのみ発表。詳細は公表しないまま。2018年実施分は19年2月に16件と発表、19年分は20年2月に14件と発表した。しかし、その中身の詳細は未公表。


万一、朝鮮半島有事が発生した場合、存立危機事態が認定されれば、自衛隊は朝鮮半島で米軍や韓国軍などとともに戦闘への参加が可能。重要影響事態、国際平和共同対処事態と認定されれば、米軍や韓国軍などへの後方支援が可能に。現在進行形の中東派遣でも同じ結果になりかねない。

イラク派遣された陸上自衛隊幹部と並ぶ筆者（右）（筆者提供）

前記は、テロ、イラクという2つの特措法派遣から、安全保障関連法（安保法制）の施行に

＊4　第2次安倍政権で設置された日本の安全保障に関する重要事項を審議する機関。常任メンバーは首相、官房長官、外相、防衛相の4人。必要に応じて9大臣会合も開かれる。

より、恒久法としての自衛隊派遣が可能になったことを記しています。

第8回　中国の軍事力

［資料 8］ 中国の軍事力

［資料 8－1］ 中国の特徴

［資料 8－2］ 中国の現状

［資料 8－3］ 中国の国防政策

1　核心的利益の台湾の独立を阻止

今回は「資料8　中国の軍事力」について勉強します。防衛省が毎年、発行する『防衛白書』。２０２０（令和２）年版の「諸外国の軍事動向など」の最初に米国が登場します。日米安全保障条約により、日本防衛の義務を負う米国がトップバッターになるのはわかります。

２番目に登場するのは中国です。米国に関する記述が11ページなのに対し、中国は実に34ページにおよびます。内容は、全般、軍事、対外関係、台湾の軍事力と4項目にわたり、詳述されています。

日本の安全保障上、注視しなければならない国である、と防衛省が位置づけているからです。

［資料８］中国の軍事力

［資料８－１］中国の特徴

- 14の国家と国境を接する長い国境線
- 広大な国土に14億５０００万人という世界最大の人口
- 国内に多くの異なる民族、宗教、言語を抱える

●19世紀以降の半植民地化の経験により、国力強化への強い願い
●強力なナショナリズムが生起

みなさんが抱く、中国のイメージはどのようなものでしょうか。米国に並びつつある超大国、中国共産党による一党独裁国家、世界の下請け工場などさまざまでしょう。最近では新型コロナウイルスが武漢《ぶかん》市から広がったことでも注目されました。

外形的な特徴は、やはり、広大な国土により、14の国家と国境を接する長い国境線を持つことにあります。そして、14億5000万人（2019年末時点）という世界最多の人口を誇り、国内に多くの異なる民族、宗教、言語を抱えています。

中国が世界史の中で主役を外れたのは、西欧の近代化に遅れをとって植民地化された19世紀しかありません。最近、急に力を付けた国というわけではなく、世界4大文明の発祥地として、また文化、文明の源として世界をリードする国だったのです。

しかし、アヘン戦争で英国に破れ、植民地化されて以降、中国は国力強化へ向けた強烈な思いを抱き続け、強力なナショナリズムが生起していきます。

[資料8－2] 中国の現状

〈非伝統的安全保障分野へ貢献〉
●国連平和維持活動（PKO）への積極参加
●ソマリア沖の海賊対処への艦艇派遣

●フィリピン台風被害への病院船派遣
●マレーシア航空機捜索への艦艇派遣
〈内外にある問題〉
●南シナ海における現状変更の試み
●米国に対するA2／AD（Anti-Access/Area Denial、接近阻止／領域拒否）の強化
●チベット、新疆《しんきょう》ウイグルの少数民族
●都市部と農村部の格差
●都市部の環境汚染、物価上昇
●高齢化による社会保障制度（16年一人っ子政策廃止）

現代の中国は、経済成長が著しく、外国への財政支援を背景として、また軍事力強化を急速に進める軍事大国としての発言力が増しています。

2020年4月、米空母「セオドア・ルーズベルト」[*1]の艦内で新型コロナウイルスの感染が広がり、機能不全に陥り、米国は太平洋で稼働できる米空母がゼロという珍しい事態に直面しました。

すると中国海軍の空母「遼寧」[*2]が6隻の駆逐艦などを引き連れて太平洋へ進出し、米国に見せつけるようにして台湾東部で軍事訓練を行いました。

2020年7月にはコロナ禍から回復した米海軍が空母「ニミッツ」[*3]「ロナルド・レーガン」の2隻を南シナ海に派遣し、2回にわたって訓練を行いました。すると中国は8月

＊1　米海軍のニミッツ級空母の4番艦。
＊2　ソ連で建造された空母「ワリヤーグ」の未完成の艦体を中国がウクライナから購入し、中国が初の空母として完成させた。スキージャンプ型の甲板が特徴。
＊3　米海軍のニミッツ級空母の1番艦。

26日になって、射程1500㌖の空母キラーと呼ばれる新型ミサイル「DF21」とグアムキラーと呼ばれる射程4000㌖の弾道ミサイル「DF26」を合計4発、南シナ海に向かって発射し、米国を威嚇したのです。

これらの事案を見ても、中国が米国を強く意識して行動していることがわかります。

近年では国連平和維持活動（PKO）に積極的に参加し、2020年3月現在、兵士2538人を派遣し、世界第10位のPKO派遣国となっています。

また、ソマリア沖の海賊対処への艦艇派遣のほか、災害救援として、フィリピン台風被害への病院船派遣やマレーシア航空機捜索への艦艇派遣を実施しています。

その一方でさまざまな内憂外患を抱えている国でもあります。

南シナ海では、南沙諸島[*4]、西沙諸島[*5]の環礁を埋め立てて軍事基地化を進め、両諸島の所有権を主張するフィリピン、マレーシア、ベトナムなどの周辺国だけでなく、米国との対立も招いています。

米国は南シナ海の両諸島へ米海軍の艦艇を派遣し、「中国の領海とは認めない」という意思を示す「航行の自由作戦[*6]」を展開しています。

米国に対して中国は、A2／ADを打ち出し、海軍力を強化しています。その狙いは台湾の独立阻止を実現するためです。ここは重要なので、よく読んで理解してください。

中国は、台湾のほか、新疆ウイグル、チベットの領土保全を「核心的利益」と表現し、その独立阻止に全力を挙げています。

＊4　スプラトリー諸島とも呼ばれる南シナ海南部に位置する諸島。岩礁・砂州を含む無数の海洋地形からなる。

＊5　パラセル諸島とも呼ばれ、南沙諸島の北部にある50近いサンゴ礁の島と岩礁で構成された諸島。

＊6　米国の海洋戦略。他国が領海や排他的経済水域といった海洋権益を過剰に主張していると判断した場合、その主張を認めないという意思表示をするため事前通告なくその海域を航行する。米国は1979年から実施し、英仏海軍も類似の活動を行っている。南沙諸島や西沙諸島の領有権を主張する中国に対しては2015年10月以降、事

1996年3月、初の台湾総統直接選挙が行われ、台湾独立を目指すとされる李登輝《りとうき》氏が立候補しました。台湾は「核心的利益」のひとつなので、中国は台湾独立をなんとしても阻止しなければなりません。万一、台湾の独立を許せば、独立の動きは新疆ウイグル、チベットへとドミノ倒しのように広がるおそれがあるからです。

そこで中国は李登輝氏の当選阻止を図り、選挙に合わせてミサイル発射訓練に踏み切りました。

江西省から台湾北部の基隆沖合に1発、南部の高雄近海に3発を落下させました。訓練は、さらに台湾海峡南部への実弾砲撃訓練、福建省での三軍協同渡海・上陸演習へと続き、中国が台湾を軍事統一する場合の手順を展示し、台湾を威嚇し続けたのです。

これに対し、台湾との間で軍事条約「台湾関係法」を結んでいる米国は空母「インディペンデンス」を主力とする空母艦隊9隻を横須賀基地から台湾へ向けて派遣、さらに中東に展開中だった原子力空母「ニミッツ」主力の空母艦隊8隻に台湾への進出を命じ、空母2隻を中心とする米艦艇17隻が展開する事態となったのです。

米国務省のクリストファー長官は米国のテレビ番組に出演し、「台湾問題を武力で解決しようとするなら、アメリカとの間で重大な事態を招く」と強い調子で中国に警告し、艦隊派遣は中国への牽制であることを示唆しました。

すると、軍事力に劣る中国は、米国の強硬な態度に震え上がります。米国に対し、軍事訓練の中止を条件に空母が台湾海峡に入らないよう要請、これに米国が同意して台湾海峡危機は終息しました。中国の完敗です。

「内政問題」と位置づける台湾問題に米国の介入を許したことを重大視した中国は、この

前通告なく南シナ海を米駆逐艦などが定期的に航行するようになり、中国は反発を強めている。

年以降、米空母を攻撃できる戦闘機や駆逐艦などの兵器体系を整えていきました。そして米軍の台湾への介入を阻止する狙いから、A２／AD戦略を採用し、今日に至っています。

このように中国が海軍力を強化するのは、台湾を軍事的に支援する米国に対抗する狙いがあるためです。

現在では習近平《しゅうきんぺい》国家主席が打ち出した外交・経済圏構想「一帯一路」の実現のため、中国を出発して欧州に至るまでの間にある東南アジア、アフリカ、東欧までを中国の影響下に入れることも軍事力強化の理由となっています。

チベット、新疆ウイグルの少数民族への弾圧が続くのも「核心的利益」を維持するためです。

中国には独特の戸籍制度があり、生まれた土地によって都市戸籍と農村戸籍に二分されています。都市部の建設現場や工場で働く多くの農村戸籍の人々は、戸籍が都市にないため、都市に家を持つことができません。子どもを都市の大学へ進学させることは可能ですが、卒業と同時に農村戸籍に戻ってしまいます。

みなさんは、「人は生まれながらにして不平等ではないのか」と疑ったことはありませんか。中国では「生まれながらにして不平等」な社会なのです。

都市部はPM２・５などによる環境汚染が激しく、物価も上昇しています。

また高齢化による社会保障制度が不十分なため、日本が迎えているのと同じ高齢化社会の問題に直面しつつあります。中国政府は２０１６年に「一人っ子政策」を廃止しましたが、すでに3年連続して出生率は減少していて、いずれ人口減に向かうのは必至となっています。

2　国防費は日本の3・6倍

［資料8－3］中国の国防政策

●「国家の安全と発展の利益に見合った強固な国防と強大な軍隊の建設」
●湾岸戦争、コソボ紛争、イラク戦争から学び、軍事力の情報化、近代化を目指す
●「輿論《よろん》戦」「宣伝戦」「法律戦」の三戦の実施
●「２０２０年までに機械化を実現させ、情報化建設において重大な進展を遂げる」（２００８年「中国の国防白書」）

(1)統合作戦能力、戦力投射能力の向上
(2)実戦に即した訓練の実施
(3)情報化された軍隊の運用
(4)防衛産業基盤の向上
(5)法に基づく軍の統治の徹底

中国の国防政策は、比較的分かりやすい内容となっています。「国家の安全と発展の利益に見合った強固な国防と強大な軍隊の建設」を掲げ、「輿論戦」「宣伝戦」「法律戦」の三戦の実施を明言しています。

輿論戦とは、敵の戦闘意欲を衰えさせることを目的とする内外世論の醸成をいいます。

新聞、テレビ、インターネットなどのメディアを総合的に利用します。具体的な作戦には、「重点打撃（敵指導層の決断に影響を与える）」、「情報管理（有利な情報は流布する一方、不利な情報は制限する）」などがあります。

宣伝戦とは、敵の戦闘意欲を打ち砕くことが狙いです。メディアや配布物によって敵の思考、態度を変化させたり、軍事演習や先進兵器を見せつけたりすることで敵を威嚇するなどの方法があります。

法律戦とは、自軍の武力行使、作戦行動の合法性を確保し、敵の違法性を暴いて、第三国の干渉を阻止することで自軍を有利な立場に置くことを目的としています。

２００８年、中国共産党が発表した「中国の国防」で「２０２０年までに機械化を実現させ、情報化建設において重大な進展を遂げる」を打ち出しました。

具体的には、統合作戦能力、戦力投射能力の向上、実戦に即した訓練の実施、情報化された軍隊の運用、防衛産業基盤の向上、法に基づく軍の統治の徹底の実現を目指すこととし、これらの目標は現在進行形で実践されつつあります。

これらは、すべて米国が取り入れて、実践していることばかりです。中国は巨大な軍事力を持つ米国を「仮想敵国」として、戦力の向上を図ってきたとみることができます。

（1）国防費

●２０２０年度は１兆２６８０億元（約19兆１７００億円）
●日本の防衛費（20年度5兆３１３３億円）の３・６倍
●空母、新型爆撃機、ステルス戦闘機*7、各種弾道ミサイルや巡航ミサイル開発（戦力投

*7 レーダーに映りにくい戦闘機。

射能力[*8]、長距離精密打撃能力[*9]を着実に向上）
●宇宙やサイバー空間の活用（軍事情報システムを強化）
※東アジアの安全保障環境における最大の特徴は、急速に軍事力を増大している中国人民解放軍が活動範囲を拡大し、行動の一部が周辺諸国との摩擦を生んでいること

中国政府は新型コロナウイルスの感染拡大により、予定より2カ月半遅れて、2020年5月22日に全国人民代表大会（全人代、国会に相当）を開催しました。

その中で、2020年度国防予算は、前年比6・6％増の1兆2680億500万元（約19兆1700億円）とすることを明らかにしました。伸び率は前年の7・5％を下回ったものの、額は過去最高を更新し、日本の20年度防衛予算（5兆3133億円）の3・6倍に上ります。

習近平国家主席（中央軍事委員会主席）は「世界一流の軍隊」を目標に掲げ、海軍や核ミサイルの増強を表明しています。

中国軍は、空母、新型爆撃機、ステルス戦闘機、各種弾道ミサイルや巡航ミサイル開発を進めています。これらの兵器の特徴は、長距離にある敵目標に対する攻撃を可能とする「戦力投射能力」を持つことです。「長距離精密打撃能力」と言い換えることもできます。

戦力投射能力の保持は、外征軍である米軍が備えている機能です。中国の軍事力強化の狙いの中に米軍に匹敵する力を持とうとする意思があることがわかります。

宇宙やサイバー空間の利用は、むしろ米軍の先を行っています。この点は宇宙、サイバーに力を入れてきたロシア軍も同様です。米軍は中東におけるテロとの戦いに気を取られ

＊8　危機に対応し、自国以外の領域で戦争を遂行するために軍隊を迅速かつ効果的に動員・展開し、運用する能力。

＊9　遠方にある敵目標を正確に攻撃し、破壊することのできる能力。

過ぎて、宇宙、サイバー両面で中国軍、ロシア軍に遅れをとることになったのです。

「東アジアの安全保障環境における最大の特徴は、急速に軍事力を増大している中国軍（人民解放軍）が活動範囲を拡大し、行動の一部が周辺諸国との摩擦を生んでいること」は、南シナ海における南沙諸島、西沙諸島の軍事基地化で明らかです。

（2）中国海軍

①海軍戦略の変遷

〈第1期（1949年～1970年代）沿岸防御・近岸防御〉

誕生した共産党にとって脅威は国民党軍や海上交通路の閉鎖。沿岸防御を陸上交通路から沿岸海域への限定的な延伸。のちに海上での独立した戦闘を想定した近岸防御へ変更。

〈第2期（1980年代～21世紀初め）近海防御〉
劉華清《りゅうかせい》海軍司令員。(a)区域防御型の戦略、(b)防御的な性質、(c)主に第一列島線とその外側の黄海、東シナ海、南シナ海、(d)国家の統一の実現、領土の保全、海洋権益を守る、(e)海軍の任務を平時と有事に二分
平時は国家の統一の実現、領土の保全、海洋権益を守り、有事には海洋からの敵の侵攻に効果的に抵抗し、海上交通路を保護し、核兵器による反撃作戦に参加する。

〈第3期（2004年～現在）近海防御・遠海防御〉

中国経済の急速な発展に伴い、原材料や製品の輸出入に不可欠な海上交通路の安定確保

や、石油や天然ガスといった海底資源の開発など海洋における権益や利益を守ること。

「戦略学（２０１３年版）」は８点を例示。(a)戦略的な大規模作戦に参加する、(b)海上における軍事的進入を抑止し食いとめる、(c)島しょの主権と海洋権益を守る、(d)海上における交通・輸送の安全を確保、(e)海外の利益と国民の利益を擁護する、(f)核兵器による抑止と反撃を実施する、(g)陸上における軍事闘争を支援する、(h)国際的な海洋空間の安全を擁護する

②広域化する海軍の活動

２００６年８月海軍司令員に呉勝利《ごしょうり》。「強いリーダーシップ」「強大な人民海軍の鍛造」。呼応して06年12月の海軍党大会で胡錦濤《こきんとう》主席が「強大な人民海軍の建設」と演説し、党の後押しを証明。呉勝利は海軍を「戦略軍種」と位置づけ、近海の総合作戦能力、遠洋の脅威対応能力の発展。

●海軍は「近海防御」を採用。第一列島線、第二列島線。
●同時に「遠海防御」を実施。ミャンマー（シットウェ港）、バングラデシュ（チッタゴン港）、スリランカ（ハンバントタ港）、パキスタン（グワダル港）、ココ島（工場）を建設。
※米国防総省は「ストリングス・オブ・パール」（真珠の首飾り）と命名。

中国海軍は、ブラウン・ウォーター・ネイビー（沿岸海軍）から、ブルー・ウォーター・ネイビー（外洋海軍）へと急速に変身を遂げています。

とくに２００４年以降に掲げた「近海防御・遠海防御」は自国防衛とともに戦力投射能

力を持ち、海外へも軍事的な影響力を持つようになったことを意味しています。

習近平国家主席が打ち出した「一帯一路」を実現するには、原材料や製品の輸出入に不可欠な海上交通路の安定確保や、石油や天然ガスといった海底資源の開発など海洋における権益や利益を守ることが不可欠となり、海軍の姿も大きく変化しました。

軍事面の不透明さが指摘される中国軍ですが、掲げた目標については公表しています。「戦略学（2013年版）」の中で8項目を列挙しています。

3　アジアの港湾を「真珠の首飾り」に

中国は中国軍艦艇や民間船舶が活用できる港湾の軍港化を狙い、投資を始めています。対象は、ミャンマー（シットウェ港）、バングラデシュ（チッタゴン港）、スリランカ（ハンバントタ港）、パキスタン（グワダル港）の各港湾です。

例えば、スリランカのハンバントタ港は2017年7月から99年間にわたり中国にリースされることが決まりました。アヘン戦争で敗れた中国が英国に香港を割譲し、のちに1898年の展拓香港界址専条《てんたくほんこんかいしせんじょう》によって、99年間の租借が決まったことと同じです。

かつて自国が屈辱的な思いをした99年間のリースを他国に対して強いているのです。このハンバントタ港をめぐる決定は中国による「債務の罠」といわれています。

中国は、スリランカに対し、ハンバントタ港のインフラ建設により、多額の融資をしました。その結果、スリランカ政府は借金が膨らみ、返済不能になって施設や土地を中国に明け渡さざるを得なくなりました。

同様のことが、前記の他の国に対しても行われています。その結果生まれたのが、アジアからインド洋に連なる港湾群で、米政府はこれを「ストリングス・オブ・パール」（真珠の首飾り）と名付けています。

③艦艇の配備、新造
●1999年、ロシアからソブレメンヌイ級[*10]を購入。4隻配備。超音速艦対艦ミサイル（SSN22、サンバーン）を搭載
●2005年、「中国版イージス」のルーヤン2型を就役。6隻が就航。
●2005年、フリゲート艦（小型の軍艦）でステルス性のあるジャンカイ2型を就役。20隻。

④潜水艦の増強
〈通常動力艦〉

1995年、ロシアからキロ級潜水艦を導入。現在12隻。また国産潜水艦のソン級[*11]を開発、配備し、現在20隻以上。

〈原子力艦〉

2007年に弾道ミサイル搭載原潜（SSBN＝Ballistic Missile Submarine Nuclear-Powered）のジン級[*12]就航。弾道ミサイルの巨浪2[*13]を搭載。攻撃原潜はシャン級[*14]が2隻就航。

＊10 ソ連もしくはロシアで建造された優れた攻撃力を持つ駆逐艦。中国海軍も運用している。
＊11 中国がソ連の潜水艦をモデルに開発した国産の潜水艦。
＊12 中国海軍が開発し、運用する原子力弾道ミサイル搭載潜水艦。
＊13 中国が開発した潜水艦発射型弾道ミサイル。
＊14 中国が開発し、運用する原子力潜水艦。

⑤空母の就航

●ウクライナから購入した「ワリヤーグ」を改修して「遼寧」就航。Ｊ15戦闘機の発着訓練を繰り返す。

●２０１３年、遼寧は黄海から東シナ海を経て南シナ海へ航行し、海南島周辺で編隊訓練。その際、中国の揚陸艦[*15]が米海軍のイージス巡洋艦[*16]「カウペンス」の航行を妨害。

●15年12月中国国防部「新たな空母を建造中」と発表。２隻を建造。

⑥海軍の航空機

Ｊ10[*17]、Ｊ11[*18]、Ｓｕ30[*19]の第４世代戦闘機を１００機保有。ほかに新型のＨ６爆撃機[*20]を30機保有。

⑦海軍の将来

〈３つの目標〉

(a)領土・主権問題や海洋権益をめぐる争いで有利な立場を獲得する

(b)米国に対する抑止力を強化する

(c)海外における中国の国益を擁護し、拡大する

※将来的にはインド洋の進出により、海上交通路の確保。課題である対潜水艦戦[*21]（ＡＳＷ）能力の強化。

※経済の失速により、迫られる選択。重点をどこに置くか。インド洋、南シナ海、東シナ海、対米か。

＊15　戦車や兵員を輸送する軍艦。

＊16　米国が開発したイージス・システムを搭載した大型の戦闘艦艇。

＊17　中国国産の戦闘機。

＊18　ソ連やロシアで生産されたスホイ27戦闘機の中国名。

＊19　ソ連やロシアが開発したスホイ27戦闘機を発展させた複座多用途戦闘機。

＊20　中国国産の大型爆撃機。

＊21　潜水艦を発見し、攻撃して破壊する戦闘のこと。

中国海軍は掲げた目標を実現すべく、豊富な国防費を背景に新型兵器の増強を進めてきました。以前はソ連から購入していた水上艦艇（駆逐艦など）や潜水艦を自前で建造し、とくに駆逐艦はレーダーに映りにくいステルス性を持つ高い性能となっています。

潜水艦はロシアから購入した静粛性が高く高性能な通常動力艦のキロ級と、自前の原子力潜水艦の２本立てとなっています。

原子力潜水艦は25年に一度、燃料棒を交換するだけで燃料補給が不要なうえ、原子力機関によって酸素も艦内で作れるので長時間、潜行することが可能です。その利点を生かして、核弾頭を載せたミサイルを搭載した弾道ミサイル搭載原潜（ＳＳＢＮ）として活用されます。

国連常任理事国の５カ国はいずれも核保有国であると同時にＳＳＢＮも保有しています。万一、核兵器による地上攻撃を受けた場合、最終的には海に潜むＳＳＢＮが反撃する、という仕組みをつくり上げているのです。ＳＳＢＮは他国に対する核抑止の切り札であり、その意味では中国も例外ではありません。

4 「一帯一路」を支える軍事力

近年の中国海軍の最大の特徴は、空母を保有したことです。ウクライナからエンジンや電子機器などを外した状態で購入した旧ソ連の空母「ワリヤーグ」を改造して、空母「遼寧」としました。現在、２番艦「山東」も就役しています。

しかし、「遼寧」「山東」ともその能力は、米国の空母の足元にもおよびません。米空母はいずれも大型の原子力艦で、遼寧、山東の甲板が艦首に向かって反り上がったスキージャンプ型なのに対し、米空母は艦首から艦尾までまっすぐな全通甲板となっています。米空母は水蒸気を利用して航空機をパチンコ玉のように打ち出すカタパルトを持ち、戦闘機などを強制発進させることができます。この技術を持っているのは世界中で米軍だけです。

搭載した戦闘機が自力で発艦するスキージャンプ方式では、発進する航空機の重量に制限があり、十分な兵器を搭載することができないのです。

このため、中国は米海軍と同じような前から後ろまでまっすぐな甲板を持つ、大型空母の建造を計画しています。

こうした最新兵器を数多く揃える中国海軍の将来像は、明快です。「領土・主権問題や海洋権益をめぐる争いで有利な立場を獲得する」というのは、前述した通り、台湾の独立阻止が念頭に浮かびます。また南シナ海や「一帯一路」の権限拡張が挙げられます。

「米国に対する抑止力を強化する」のは、台湾の独立阻止を図り、A2／AD戦略を採用していることからもわかります。「海外における中国の国益を擁護し、拡大する」は前記の通り、南シナ海や「一帯一路」の権益を保持することにあります。

（３）中国の空軍

①戦略の変化

「国土防空」から「攻防兼備」へ。現在は「空天一体、攻防兼備」

(a)偵察・早期警戒、(b)空中侵攻、(c)防空・ミサイル防衛、(d)戦略的戦力投射と打撃力

「国土防空」では要撃戦闘機が重視されていたが、「攻防兼備」においては空対地、空対空希有劇能力を持つ多用途戦闘機が必要。「空天一体」ではＣ４ＩＳＲ〔指揮（Command）、統制（Control）、通信（Communication）、コンピューター（Computer）と情報（Interjence）、監視（Surveilance）、偵察（Reconnaissance）〕が必要になるため、作戦支援機の重要性が上昇。

②変化の要因

(a)湾岸戦争、コソボ紛争、イラク戦争を通じて米軍がＩＳＲネットワークに裏打ちされた遠距離からの対地・対空精密爆撃により、相手国の防空網を無力化。

２００１年、米中軍用機の衝突事件（海南島事件）のように、中国は沿海における米軍の情報収集活動に懸念を抱き、できるだけ遠ざけたいとの願望。その一方で精密打撃能力は中国空軍にとってのモデルとなった。

(b)台湾との航空戦力バランスにおいて、２０００年代半ばまで劣勢だった。

(c)近年、中国海軍の海洋進出が強化され、空軍による上空援護の必要性が増大した。

③装備の近代化

１９９５年までは作戦機の80％は１９５０年代のソ連製ＭｉＧ17[*22]や19[*23]の派生型。２０１０年までに70％の３５００機が退役。現在の作戦機は２６２０機。２０１５年までに要撃戦闘機の割合は80％から40％に半減。第４世代機への交代が進む。爆撃機はＨ６を刷新。早期警戒機としてＫＪ２０００を４機導入。輸送機Ｙ８を使い、早期経緯、偵察・情報収集、電子戦に活用。

無人機はイスラエルよりハーピーを輸入し、活用。

（４）ミサイル戦力の拡充

習近平国家主席「第２砲兵（現ロケット軍）はわが国の戦力的抑止の核心的力量であり、我が国の大国としての地位の戦略的な支えであり、国家の安全を守る重要な礎石である」。

〔第２砲兵〕

中央軍事委員会の直接指揮下にあり、中央司令部は北京郊外の清河にある。

総兵力13万人。中央司令部は政治部、後勤部、装備部。発射基地は第51基地から56基地まで６つ。訓練基地として第22基地、第28基地がある。

初期の中国空軍の目標は、海軍と同様、国土防衛にありました。「国土防空」では領空侵犯してくる敵機を迎え撃つための要撃戦闘機が重視されていました。

次の段階では、豊富な国防費を背景に戦略を拡張します。「攻防兼備」では、中国本土よりも遠方での戦闘を想定した空対地、空対空攻撃能力を持つ多用途戦闘機が必要になりました。

＊22　１９５０年代にソ連で開発、生産された旧式の戦闘機。

＊23　同右。

現在の「空天一体」は宇宙空間までを戦場に広げる考え方で、Ｃ４ＩＳＲが必要になるため、電子戦機などの作戦支援機の重要性が増しています。

このように変化してきた要因は、湾岸戦争、コソボ紛争、イラク戦争を通じて米軍がＣ４ＩＳＲネットワークに裏打ちされた遠距離からの対地・対空精密爆撃を行ったことにより、相手国の防空網を無力化させた様子を中国空軍が高く評価した結果、といえます。

２００１年、海南島付近の南シナ海上空で米海軍の電子哨戒機と中国海軍の戦闘機が空中衝突し、中国側の戦闘機が墜落してパイロットが行方不明になり、アメリカ側の電子偵察機も損傷し海南島に不時着した衝突事件（海南島事件）がありました。

米軍機と衝突するほど接近したのは、中国は沿海における米軍の情報収集活動に懸念を抱き、できるだけ遠ざけたいとの願望を持っているからです。

台湾との航空戦力バランスは、２０００年代半ばまで劣勢でしたが、近年、中国海軍の海洋進出が強化され、空軍による上空援護の必要性が増大したことにより、現状では中国海軍および空軍の戦力は台湾空軍の戦力を上回るようになっています。

中国空軍の航空機は、１９９５年までは作戦機の80%は１９５０年代のソ連製ＭｉＧ17や19の派生型でした。しかし、２０１０年までに70%の３５００機が退役しています。

２０１５年までに要撃戦闘機の割合は80%から40%に半減し、第4世代機への交代が進んでいます。爆撃機はＨ６を刷新し、早期警戒機としてＫＪ２０００を4機導入。輸送機Ｙ８を使い、早期経緯、偵察・情報収集、電子戦に活用しています。

ミサイル戦力については、習近平国家主席が「第2砲兵（現ロケット軍）はわが国の戦力的抑止の核心的力量であり、我が国の大国としての地位の戦略的な支えであり、国家の安全を守る重要な礎石である」と表明し、強化を急いでいます。

①核戦略

(a)政治的優位、(b)先行不使用宣言、(c)弾頭数を次第に増加させつつある、(d)核弾頭は平時において取り外されている。

第2砲兵は党中央、中央軍事委員会が直接掌握する。1964年の核保有以降、周恩来(首相＝当時)は「いかなるとき、いかなる状況でも中国は核兵器を先制使用しない」と言明。米国5800発、ロシア6375発に対し、中国は320発(2021年1月現在)。

②中国の核抑止戦略

「反強制」「最小限抑止」「不確実性への依拠」「確証報復」の4本柱。

●反強制……他国による核の脅しを背景として強制を受け付けない。核保有と人民戦争により、相手に屈しない意思を見せること。最後は核攻撃を受けても人民による戦争で勝利する。

●最小限抑止……核戦力が整うに従い、相手の核攻撃に対して中国が反撃できることが抑止になると考えられた。「相手が受け入れがたい損害を与える」反撃能力およびその可能性を持つことで、相手に核攻撃を思いとどまらせることに重点がある。

〔例・米マクナマラ国防長官は人口の20％、工業力の50％を「受け入れがたい損害」の基準とした。中国はその損害の基準を軽く見積もっているとみられる。根拠は少ない核弾頭数にある。中国の核兵器は反撃にふさわしい数としては足りない。しかし、中国は心理的・政治的側面に大きな比重を置く。」

●不確実性への依拠……『戦略学（2013年版）』（人民解放軍）では、核抑止は相手の情勢によって変化するため、すべて一律に論じることはできない。中国の核戦力などに適度なあいまい性を残すことで、相手の政策決定に不確実性を生じさせ、そのことで限定的核戦力による抑止の効率を上げることができるとしている。

●確証報復……核戦力が少ないため、「敵がもっとも攻撃されるのをおそれ、我が方が攻撃する能力を持ち、戦略全般に重大な影響を及ぼす目標」（『戦略学（2013年版）』）となるのは、相手の軍事力や大都市への攻撃だが、これは強力な核戦力を持つ国の攻勢的な戦略であり、中国が対象とするのは一般の都市などである。

相手の一撃から核戦力を守るため、中国はトンネルを建造したり、ニセの標的を造ったり、ニセ情報を流すことで核ミサイル基地を防護する。

核弾頭の数において、米国が5800発、ロシア6375発に対し、中国は320発の保有でしかありません。少ない核兵器で、とりわけ米国に対応するため、中国は独特の核戦略を持っています。

その特徴は、(a)政治的優位、(b)先行不使用宣言、(c)弾頭数を次第に増加させつつある、(d)核弾頭は平時において取り外されている、の4点に集約されています。

具体的な核戦略として、「反強制」「最小限抑止」「不確実性への依拠」「確証報復」の4本柱があります。

反強制とは、他国による核の脅しを背景とした強制を受け付けないことです。14億人以上という世界最多の人口を利用して、核保有と人民戦争により、相手に屈しない意思を見せつけ、最後は核攻撃を受けても人民による戦争で勝利するという人海戦術をからめているのが特徴のひとつです。

最小限抑止とは、核戦力が整うのに従い、相手の核攻撃に対して中国が反撃できることが抑止になると考えられていることを意味します。

米国の国務長官だったマクナマラは米国が核攻撃を受けた場合、人口の20%、工業力の50%が失われる事態が戦争を継続できる限界との見解を示しましたが、中国はこうした分析を重視していません。

その証拠に米国やロシアと比べて、格段に少ない核弾頭で了とするのは、核戦略がそもそも米国とは異なるからです。中国の場合、心理的・政治的側面に大きな比重を置いています。

「不確実性への依拠」は、まさに特徴的です。中国の核戦力などに適度な曖昧性を残すことで、相手の政策決定に不確実性を生じさせ、そのことで限定的核戦力による抑止の効率を上げることができる、と考えています。

核戦力が少ないため、「敵がもっとも攻撃されるのをおそれ、我が方が攻撃する能力を持ち、戦略全般に重大な影響を及ぼす目標」（『戦略学（2013年版）』）となるのは例えば大都市への攻撃ですが、これは強力な核戦力を持つ国の攻勢的な戦略であると中国はみています。中国が対象とするのは一般の都市などです。

5　核ミサイルより使える通常弾頭ミサイル

③通常ミサイルの発展

1985年まですべて核ミサイルだったが、2012年には核ミサイルは40%まで減少。残りは通常弾頭のミサイルとなった。

通常ミサイル部隊は「先機制敵、重点突撃」。敵より先に行動し、敵の不意、不備を突く。相手の急所となる重要目標に対して精密打撃を加える。

これらの考えはA2／AD（Anti-Access/Area Denial＝接近阻止／領域拒否）に活用され、米国の警戒を呼んでいる。中国は、東アジアへの米国の戦力投射を妨害可能とした。

ミサイル精度が向上し、米国のランド研究所によると、台湾の3000メートル級の滑走路2カ所を破壊しようとする場合、半数必中界[*24]（Circular Error Probability＝CEP）が200～300メートルではミサイル30～40発が必要。CEPが10メートル以下であれば、ミサイル数発で滑走路を使用不能にできる。

2007年、DF21ミサイルを使った衛星破壊実験。

DF21Dミサイルは、空母キラー。1996年の台湾総統選の教訓。

④中国のミサイルの将来

(a)核戦力は、残存性と第二撃能力の確保を目指し、引き続き質的向上と量的微増。

(b)通常ミサイルは中距離ミサイルが増強される（1988年INF条約[*25]の無意味化）

＊24　ミサイルや爆弾の命中精度を測るのに使用される単位。発射した半数の着弾が見込める範囲を、目標を中心とした半径で表す。

＊25　米国とソ連が冷戦時代の1987年に締結した中距離核戦力全廃条約。トランプ米大統領の破棄により2019年8月2日に失効した。

(c)通常ミサイルは核戦力と通常戦力の境を曖昧化させる
(d)精密打撃能力が拡散する中で、中国は他国の精密打撃能力を減殺する
※ＩＮＦ条約は、米ソによる射程５００～５５００キロメートルの通常ミサイル核ミサイルの全廃条約（１９８７年調印）。

中国のミサイルは、１９８５年まですべて核ミサイルでした。しかし、２０１２年には核ミサイルは40％まで減少。残りは通常弾頭のミサイルとなっています。

これは相互ににらみ合いが続き、使用することが事実上、不可能な核ミサイルを保有するよりも、実戦で使用可能な通常弾頭ミサイルを保有する方が合理的である、との考え方に基づくものです。

通常ミサイル部隊は「先機制敵、重点突撃」を掲げ、敵より先に行動し、敵の不意、不備を突く。相手の急所となる重要目標に対して精密打撃を加えることを目標にしています。

これらの考えはＡ２／ＡＤに活用され、米国の警戒を呼んでいます。中国は東アジアへの米国の戦力投射をミサイルによって妨害することが可能になったからです。

このように中国が通常弾頭ミサイルを多数保有することにより、中国のミサイル保有数を押し上げる結果になりました。

これにいらだったのがトランプ米大統領です。トランプ氏は冷戦時代のソ連との間で締結した中距離核戦力全廃条約（Intermediate-Range Nuclear Forces Treaty＝ＩＮＦ条約）からの一方的な離脱を宣言し、同条約は２０１９年８月２日に失効しました。

ＩＮＦ条約とは射程が５００キロメートルから５５００キロメートルまでの核弾頭および通常弾頭のミサ

イル保有や実験をすべて禁止する条約です。米ソ間の核戦力の削減条約のひとつでした。
トランプ米大統領はＩＮＦ条約離脱の理由としてロシアによる条約違反のミサイル保有と、同条約に加盟していない中国による核および通常弾頭の中距離ミサイルの保有を挙げています。むしろ本丸は、中国に対する牽制が狙いであったとみられています。

中国の中距離ミサイルの精度は高く、米国の民間シンクタンクであるランド研究所によると、台湾の３０００メートル級の滑走路２カ所を破壊するため、数発で滑走路を使用不能にできる、としています。

中国は、その数発で台湾の軍事施設を破壊できる中距離ミサイルを保有したことは明らかです。それは２００７年に実施したＤＦ21を使った衛星破壊実験などからわかります。ＤＦ21の派生型のＤＦ21Ｄは、空母キラーと呼ばれ、米空母が台湾に接近するのを阻止する役割を担います。前述した通り、まさに１９９６年の台湾総統選の教訓から得た新戦力のひとつといえるでしょう。

（５）総合的な作戦能力の向上

人民解放軍は「情報システムに基づいた体系的作戦能力」の強化を目指す。その軍事情報システムの構成要素は５つある。

①偵察・早期警戒システム（目と耳）、②指揮・統制システム、③火力打撃システム、④ネット・対磁対抗システム、⑤総合保障（支援）システム

中国軍は米軍並みの戦力投射能力を保有し、陸海空の３軍が機能的に機動できる体制を

整えつつあります。ただ、米軍と違って実戦をほとんど経験していないので、その戦力は未知数の部分が多々あります。しかしながら、訓練していないことは実戦でもできません。その言葉を体現するように、実戦的な部隊へと生まれ変わりつつあるのは間違いありません。

6　まとめ

中国の軍事戦略の特徴は、中国本土から遠く離れた地域・海域におけるC4ISR精密打撃に依拠して効果的に作戦を遂行することにある。

活動範囲を海洋へと拡大することにより、①地域諸国との間の緊張を高める可能性がある、②東アジアの安全保障秩序を混乱させる可能性がある、といえる。

①は東シナ海、南シナ海での活動にみられる。対等で平和的な話し合いで対応するのか、それとも軍事力を背景にした威嚇で臨むのか、いずれかの選択により、中国と地域諸国との関係を大きく左右する。

②は東アジアの安全保障秩序を形成し、維持してきたのは米国の強力な軍事プレゼンスとそれを支援してきた同盟国、友好国の協力体制にある。中国が米国の軍事プレゼンスに挑戦を続け、奏功した場合には安全保障秩序が一変する可能性がある。

東アジアの将来像はいかにあるべきか、中国、米国、日本はもとより、地域諸国を含めて関係国すべてが共通認識を深める必要がある。

まとめは、右に示した通りです。中国の軍事力が強力になればなるほど近隣国との間の緊張は高まります。

軍事力ばかりでなく、東南アジア諸国連合[*26]（ASEAN）への経済的援助により、例えばベトナムがASEANの中で、中国擁護の代弁者となっているのをみると、軍事力と経済力の双方で影響を強めつつあることがわかります。

さらに「一帯一路」を通じて、その影響力はアジアを越えて、中東、アフリカ、欧州へと広がりつつあります。

そのやり方次第では米国中心の安全保障秩序を一変させる可能性がありますが、例えば新型コロナの対応をみると、強権的な手法で国内の感染拡大を終息させ、今度はコロナ禍に苦しむ国々にマスクや医療設備を贈って、好感度アップを図っています。

しかし、もとより中国共産党による一党支配体制の中でも、とくに独善的な習近平国家主席の手法に難色を示す国は少なくありません。その意味では、好感を呼んできた古い米国とは別の国のようになったトランプ政権下の米国と相似形のようでもあります。バイデン大統領が軌道修正を図っていますが、一朝一夕に実現するものではありません。

コロナ禍が過ぎ去った後の世界は案外、コロナ禍以前の国のあり方と大差ないのかもしれません。米国が世界のリーダーであることを放棄し、中国は世界のリーダーにはなり得ないので、リーダー不在を意味する「グラウンド・ゼロ」が鮮明になるのではないでしょうか。

その結果、グローバル化はこれまでの勢いを失い、地域主義に根ざしたブロック型の緩やかな共同体が世界のあちこちに誕生するのではないでしょうか。

＊26　東南アジア10カ国（インドネシア、シンガポール、タイ、フィリピン、マレーシア、ブルネイ、ベトナム、ミャンマー、ラオス、カンボジア）の経済、社会、政治、安全保障、文化に関する地域協力機構。本部所在地はインドネシアの首都ジャカルタ。日本、中国、韓国はASEAN＋3として関わっている。

第9回　北朝鮮の軍事力と自衛隊

［資料９］北朝鮮の軍事力と自衛隊

［資料９－１］北朝鮮の特徴

［資料９－２］北朝鮮の軍事力

［資料９－３］北朝鮮に対する非核化の取り組み

［資料９－４］核兵器の現状

［資料９－５］内政

［資料９－６］対外関係

［資料９－７］将来

1　拉致事件とミサイル

第9回の授業にあたる今回は、「資料9　北朝鮮の軍事力と自衛隊」について勉強します。

朝鮮民主主義人民共和国（北朝鮮）は日本との国交がなく、北朝鮮国内の実情を正確に知ることはできません。

日本との数少ない接点は、北朝鮮による拉致事件とミサイル発射です。

日本政府が認定した拉致被害者は17人で、北朝鮮側は、このうち13人（男性6人、女性7人）について、正式に拉致を認めています。

蓮池薫さん、祐木子さん夫妻、曽我ひとみさんら5人が２００２年に日本に帰国しましたが、北朝鮮側は残り12人について「8人死亡、4人は入境していない」と主張する一方、日本政府は「全員が生存しているとの前提で対処する」との立場をとっています。

しかし、日本政府は問題解決の道筋をまったく描けていません。北朝鮮への圧力で解決を試みたものの進展せず、「対話のための対話では意味がない」と言っていた当の安倍晋三首相は一転して、金正恩朝鮮労働党委員長との無条件対話を求めましたが、解決の糸口も見つからないまま、時間だけが過ぎていきます。

拉致被害者の家族は高齢化しており、２０２０年2月には拉致された有本恵子さん（行方不明当時23歳）の母親、有本嘉代子さんが亡くなり、6月5日には横田めぐみさん（同13歳）の父親の横田滋さんが亡くなりました。

横田滋さんの死亡を受けて、安倍首相は「あらゆるチャンスを逃すことなく果断に行動していかなければならない」と決意を語りました。

一方、元拉致被害者家族連絡会副代表の蓮池透さんはツイッターでこう述べています。

「みなさん、いい加減気付いてください。安倍首相は拉致被害者を救出するなどという気はさらさらないのです。この期に及んで『早期』救出とか言っているではありませんか。今こそ、安倍首相責任を取ってください！ と叫ばなくてはなりません。そうでなくては、滋さんのご冥福を祈ることはできません。それができるのは、拉致のおかげで2回も総理になった安倍氏が恩返しをして、めぐみさんの問題が解決したときです。合掌」

次にミサイルの話に移ります。

日本に関係する弾道ミサイルの発射は、1993年中距離弾道ミサイル「ノドン」[*1]を日本海に向けて発射したのを皮切りに断続的な発射が続いています。これは核弾頭と組み合わせて、核ミサイルを開発する狙いがあるためです。

ただし、日本を標的にして発射したことは過去一度もありません。安倍政権になって、北朝鮮からミサイル発射が行われる度に全国瞬時警報システム（Jアラート）を鳴らし、「頑丈な建物の中に入りましょう」と呼び掛けているのは、国民に対し、危機感をあおる

＊1　北朝鮮が開発した準中距離弾道ミサイル。

＊2　陸上において韓国と北朝鮮との実効支配地域を分割する地帯のこと。軍事境界線の南北には、韓国・北朝鮮双方の領土へ幅約2キロメートル（計約4キロメートル）の非武装地帯が設定されている。

＊3　満州で抗日パルチザン活動に部隊指揮官として参加し、第二次世界大戦後、朝鮮民主主義人民共和国（北朝鮮）を建

行為と指摘されても仕方ありません。

［資料9］ 北朝鮮の軍事力と自衛隊

朝鮮半島は半世紀以上にわたり、韓民族による南北分断が続いている。現在も軍事境界線*2を挟み、北朝鮮、韓国の陸軍計160万人がにらみ合っている。

1950年6月25日未明、北朝鮮軍による韓国への武力侵攻から始まった朝鮮戦争は米国の参戦、中国による北朝鮮への支援などもあって一進一退を続け、53年7月27日に停戦協定が締結されました。現在も休戦状態にあり、北朝鮮と韓国の間にある非武装地帯を挟んで、両国によるにらみ合いが続いています。

［資料9−1］ 北朝鮮の特徴

政治体制はチュチェ思想（主体思想＝朝鮮民族の主体主義）に基づく社会主義体制をとる。2009年に改定された憲法序文で、軍事が全てに優先するという先軍思想および、主体思想と共に社会主義体制を建設するための中核思想と定められた。

具体的には、思想、政治、軍事、経済などのすべての分野における社会主義的強国の建国を基本政策とする「先軍政治」という方式をとる。「先軍政治」とは、軍事先行の原則に立ち、革命と建設に提起されるすべての問題を解決し、軍隊を革命の柱として前面に出し、社会主義偉業全般を推進する領導方式。

ただ、実態は、金日成《キムイルソン》*3（国家主席）、金正日《キムジョンイル》*4（朝鮮労働党総書記）、金正恩《キムジョンウン》*5（同委員長）

国した。死去するまで同国の最高指導者の地位にあり、1948年から1972年までは首相を、1972年から91年に死去するまで国家主席を務めた。

*4 北朝鮮を建国した金日成の長男。父の死後、同国の事実上の最高指導者となり、以後、死去するまで朝鮮労働党中央委員会総書記を務めた。

*5 金正日の三男で後継者。父の死により実質上では最高指導者の地位を継承した。2020年現在、朝鮮労働党委員長、国務委員会委員長などを務める。2019年4月の憲法改正により国務委員会委員長は国を代表すると規定され、名実ともに元首に位置付けられた。

の親子三代による独裁政治といえる。

〔参考・張成沢《チャンソンテク》*6（金正日、正恩の側近）が処刑された際の判決文〕

歳月は流れ、世代が10回、100回交代しても変化することも替わることもないのが白頭山《ペクトサン》の血統である。わが党と国家、軍隊と人民はただ、金日成、金正日、金正恩同志以外には誰も知らない。

（白頭山は抗日ゲリラの拠点。金日成は自身が白頭山を根拠とする抵抗運動の指導者であり、小白水の谷にある白頭山密営で金正日が生まれた、と自称。現地では「生家」とともにそのような案内が行われているが、証言などから「金正日ロシア（ソ連）極東生まれ説」が有力視される）

36歳といわれる正恩氏について韓国政府は、行き詰まった内政や外交への焦り、年齢や経験不足による党幹部たちへの劣等感などから、強いストレスを抱えていると分析する。体重は11年末の権力継承時、約80キロだったとみられるが、ストレスによる過食から130キロ以上になったとみている。

2　金3代の独裁体制

政治体制はチュチェ思想（主体思想＝朝鮮民族の主体主義）という独特なものです。

金正恩朝鮮労働党委員長になって2009年に改定された憲法序文には、軍事がすべてに優先するという先軍思想および主体思想が社会主義体制を建設するための中核思想と定

＊6　金正日の妹、金敬姫を妻とし、金正日の側近を務めた。金正日・金正恩体制における実質的なナンバー2とされたが、2013年12月に朝鮮労働党から除名されてすべての役職と称号を失い、「国家転覆陰謀行為」により死刑判決を受け、処刑された。

められました。

軍事を優先する北朝鮮の政治思想は「先軍政治」と呼ばれています。軍事先行の原則に立ち、革命と建設に提起されるすべての問題を解決し、軍隊を革命の柱として前面に出し、社会主義偉業全般を推進する領導方式とされています。

ただ、これらは見かけの体制に過ぎず、実際には金日成（国家主席）、金正日（朝鮮労働党総書記）、金正恩（同総書記）の親子3代が1948年の建国以来、政権を維持し、金家による独裁体制が続いています。

親子3代が実権を握る国は世界に例がなく、北朝鮮という国の特徴を最もよく現しています。

（1）金正恩第一書記（当時の肩書き）は2016年1月の「新年の辞」で、5月に朝鮮労働党大会が開催される「意義深い年」とし、「全ての人民は党大会に向けて決起せよ」と指示。軍事面では「多様な打撃手段をより多く開発、生産すべきだ」とあいさつ。核開発には言及なし。ところが……

●2017年9月6回目の核実験（成功）、TNT火薬[*7]で150キロトン

●軍の視察を重視し、今後も軍事に依存する状況が続く

（2）深刻な経済困難に直面。食糧などを国際社会の支援に依存する一方で軍事力を強化。

2015年度の国防費の割合は15・9％

●人口約2515・5万人（2015年、国連経済社会局人口部）

＊7　強力な爆薬のひとつ。6つの異性体があり、用いられるのは2、4、6-トリニトロトルエンでTNTと略称される。

●北朝鮮の名目国民総生産は2014年34兆2000韓国ウォン（約3兆円）。国民1人あたり138万8000韓国ウォン（約12万円）。
●輸出は同年43・6億ドル（約4500億円）、輸入55・9億ドル（約57億円）。主要貿易国は中国（65・5億ドル）、韓国（11・4億ドル）、ロシア（1億ドル）。

（3）2018年になって急速に変化（新年の辞）
「今年を民族統一に特記すべき画期的な年として輝かせなければならない」と提起。平昌《ピョンチャン》オリンピックへの参加、4月南北首脳会談、5月米朝首脳会談と融和路線に転換。

（4）米朝首脳会談の不調
2019年2月、2度目の会談。米側は「核施設、化学兵器・生物兵器プログラムとこれに関連する軍民両用施設、弾道ミサイル、ミサイル発射装置および関連施設の完全な廃棄」を提案。これに対し、北朝鮮側は、寧辺《ヨンビョン》核施設のみの廃棄と経済制裁などの解除を提案。双方の主張の隔たりは大きく、合意文書が締結されることはなかった。

金正日氏の死亡により、2011年に跡を継いだ金正恩氏は経験不足が指摘され、国内の統率に腐心します。国内向けには経済成長を鼓舞し、対外的には核実験とミサイル発射により、軍事力を見せつけて、北朝鮮の存在感を高めようと懸命です。
核開発に関しては国連安全保障理事会から何度も経済制裁を受け、必要な生活物資以外の輸出入は禁止されています。したがって国内の経済は厳しい状況となっています。

例えば、人口の約2515・5万人（2015年、国連経済社会局人口部）は韓国のほぼ半分です。名目国民総生産は2014年34兆2000韓国ウォン（約3兆円）、国民1人あたり138万8000韓国ウォン（約12万円）でしかありません。

輸出は2015年43・6億ドル（約4500億円）、輸入55・9億ドル（約57億円）と極めて小さく、主要貿易国は中国（65・5億ドル）、韓国（11・4億ドル）、ロシア（1億ドル）となっています。

この数字を見ても中国が北朝鮮の強力な後ろ楯になっていることがわかります。中国は北朝鮮へパイプラインを通じて発電に必要な重油を提供し、また中朝国境から食糧の支援もしています。

金正恩氏は、2018年になって外交面で急速に軟化の姿勢を見せるようになりました。この年の新年の辞では、「今年を民族統一に特記すべき画期的な年として輝かせなければならない」と提起し、実際に平昌オリンピックへ参加し、4月には南北首脳会談を実施、そして5月には初めての米朝首脳会談を行うなど融和路線に転換していきます。

しかし、2019年2月、2度目の米朝首脳会談で、米朝のミゾは再び、深まりました。米側が「核施設、化学兵器・生物兵器プログラムとこれに関連する軍民両用施設、弾道ミサイル、ミサイル発射装置および関連施設の完全な廃棄」を提案したのに対し、北朝鮮側は、寧辺核施設のみの廃棄と経済制裁などの解除を提案して、まとまりませんでした。

事前に金正恩氏が期待したとされる合意文書は締結されないまま会談は終わりました。この結果、金正恩氏が望む、朝鮮戦争の終戦協定の締結、米国による北朝鮮を攻撃しないとの保証を明記した平和条約の締結は、先が見えない状況となりました。

【資料9－2】北朝鮮の軍事力

全軍の幹部化、全軍の近代化、全人民の武装化、全土の要塞化の４大軍事路線。陸軍中心で総兵力は約１１９万人。装備の多くは旧式である。多くの軍事施設は地下化。

（１）通常軍事力

陸軍は１０２万人。兵力の３分の２を軍事境界線にあたる非武装地帯[*8]（ＤＭＺ）付近に展開。戦車３５００両と多連装ロケット砲、自走砲など２万１１００両。非対称戦を担う特殊部隊は８万８０００人。予備役60万人。

海軍は６万人、艦艇約７８０隻、総排水量10・３万トン。ミサイル高速艇[*9]などの小型艦艇が主力。旧式のロメオ級潜水艦[*10]約20隻のほか、特殊部隊の潜入用の小型潜水艦72隻、エアクッション揚陸艇[*11]約１４０隻。

空軍は11万人で作戦機約５６０機。ＭｉＧ29、ＳＵ25も少数保有。特殊部隊空輸のＡｎ２輸送機[*12]（出展：『ミリタリーバランス２０１７』）。パイロットの年間飛行時間はわずか20時間の実例。

※深刻な食糧不足により、兵士は援農作業や建設工事にも動員

北朝鮮は「先軍政治」のもと、全軍の幹部化、全軍の近代化、全人民の武装化、全土の要塞化の４大軍事路線をとっています。しかし、経済制裁が続き、かつては１番の支援国

＊8　朝鮮戦争の停戦ライン。北緯38度付近で東西に引かれた軍事境界線の南北には幅２キロメートルずつの非武装地帯が設定されている。

＊9　対艦ミサイルを搭載した高速で小型の軍艦。

＊10　ソ連やロシアで建造された中型の通常動力潜水艦。

＊11　戦車や兵士を運ぶホーバークラフト。

＊12　ソ連で開発、製造された木製の複葉機。

だったロシア（旧ソ連）からも、現在では1番の支援国である中国からも軍事的な支援が受けられず、ミサイル以外の兵器は老朽化が目立ちます。

長距離砲や兵士の多くは韓国との国境にある軍事境界線に数多く配備されていて、韓国の首都ソウルが軍事境界線から40キロメートルしか離れていないことから、仮に北朝鮮がソウルを攻撃するとすればミサイルを使う必要はなく、長距離砲で火の海にできる状態となっています。

陸海空軍とも兵士の数、兵器の数こそ多いのですが、老朽化した兵器は近代的な兵器に歯が立たないので、見かけ倒しということができます。

その中で北朝鮮軍の最大の特徴は特殊部隊が8万8000人もいることです。特殊な訓練を受けた兵士10人は1個師団（約2万人）分の戦闘力がある、といわれています。

事実、1996年9月18日に韓国沖で北朝鮮の小型潜水艦が座礁し、乗っていた工作員が韓国に上陸して逃亡を図った江陵《カンヌン》浸透事件では、15人の工作員の捜索に韓国軍は延べ150万人を投入しました。

結局、北朝鮮側の工作員は13人が射殺され、1人が逮捕され、1人が行方不明となりました。一方、韓国側の被害は、兵士12人（同士討ちなどの事故死4人を含む）、警察官1人（事故死）、民間人4人（事故死1人を含む）の合計17人が死亡しました。

3　核・ミサイル開発

（2）核兵器・弾道ミサイル（傍線は核関連）

1993年　核拡散防止条約[*13]（NPT）脱退を表明（実質的に復帰）
　日本海へ向けノドンミサイルを試射（※ア）
94年　北朝鮮国内での核開発の凍結、国交正常化の枠組みで米国と合意
98年　日本列島を飛び越えてテポドン[*14]を試射（※イ）
2003年　NPT脱退を表明
05年　核兵器の保有宣言
06年　長距離弾道ミサイルを発射（※ウ）
　初の地下核実験を実施（※A）
09年　長距離弾道ミサイルを発射（※エ）
　2度目とされる核実験を実施（※B）
12年　「人工衛星を打ち上げ」も空中で爆発（※オ）
　人工衛星の軌道への投入に成功と発表（※カ）
13年　3度目とされる核実験を実施（※C）
16年　4度目とされる核実験を実施。「水爆の実験に成功」と発表（※D）
　人工衛星の軌道への投入に成功と発表（※キ）
　5度目とされる核実験を実施（※E）

＊13　核軍縮を目的に米国、中国、ロシア、英国、フランス以外の国が核兵器を持つことを禁止した条約。保有を認められた5カ国は核軍縮の義務を負っている。

＊14　北朝鮮が開発した弾道ミサイル。射程距離から、準中距離弾道ミサイルの「テポドン1号」と、大陸間弾道ミサイル（ICBM）の「テポドン2号」の2種類がある。

17年　６度目とされる核実験を実施

ここからは、右に示した核実験と弾道ミサイルの年表について説明します。年表中の「※」について説明していきます。

〈弾道ミサイル関連〉

※ア　93年５月29日、ノドンミサイルは元山《ウォンサン》から発射された。着弾地点は能登半島北方３５０キロメートル付近と考えられている。思惑のひとつは、イランに対してミサイルの信頼性を示し、ノドンと石油の取引を行うこととされる。ノドンは実戦配備され、イランでシャハブ、パキスタンでガウリ３の名称で実験が繰り返され、ノドンの精度を高めた。

北朝鮮が日本に届く可能性のある中距離弾道ミサイルを発射したのは１９９３年５月29日が最初でした。発射を報道陣にリークしたのは、当時の石原信雄《いしはらのぶお》官房副長官でした。１９９３年６月11日朝、川崎市の自宅を出て首相官邸に向かう石原氏を取り囲んだ報道陣に石原氏は「日本の報道機関は取り上げませんでしたが」と前置きして、「北朝鮮は『ノドン１号』の試射をして５００キロメートル先の目標にかなり正確に当てています」「能登半島沖の日本海です」と自ら北朝鮮による「ノドン」発射を明らかにしたのです。

さらに石原氏はこのとき、「ノドン」の射程は１０００キロメートルで大阪が射程内に入ること、射程１３００キロメートルのミサイル（現在のノドン）も計画中であることなどを詳しく語り、この日の夕刊は政府筋の話として「ノドン発射」を一斉に報じました。

リークの理由について石原氏は「自分の軒先にミサイルが撃ち込まれているのを気にかけない日本人の安全感覚に疑問を持った」と述べています（1994年8月14日毎日新聞朝刊）。

発射の徴候は現在の北朝鮮におけるミサイル発射や核実験と同じく、米政府から寄せられました。精密な画像撮影ができる偵察衛星による情報です。発射の様子は米国の早期警戒衛星がとらえ、航空自衛隊のレーダーサイトでも探知していました。

正確な飛距離は約350キロメートル。日本列島に近づくことがないように、高軌道で発射する「ロフテッド軌道」だったとみられています。のちに私の取材に対し、機密情報を扱う陸上幕僚監部調査部第二課別室（現・防衛省情報本部）の陸上自衛隊幹部は「米軍の情報とすり合わせて、自衛隊の観測や計算の正確さが裏付けられた」と話しました。

北朝鮮はこの1回の発射だけで、1990年代には「ノドン」を実戦配備しています。ミサイルは命中率を高めるため試射を繰り返すのが一般的ですが、北朝鮮には特殊なやり方がありました。

「ノドン」はパキスタンとイランに輸出され、それぞれ「ガウリ」「シャハブ3」と名前を変えて両国で発射され、そこで得られたデータが北朝鮮にフィードバックされて、「ノドン」の精度を高めたのです。

ミサイルを輸出した理由のひとつは、イランに対してミサイルの信頼性を示し、ノドンと石油の取引を行うことにあったとみられています。ノドンは北朝鮮で実戦配備された後もイランでシャハブ3、パキスタンでガウリとして発射実験が繰り返され、ノドンの精度向上に貢献しています。

※イ　98年8月31日、西側諸国においてテポドン1号と呼ばれるミサイルが日本海に向けて発射され、津軽海峡付近から日本列島を越えるコースを飛行し、第一段目は日本海に、第二段目は太平洋に落下した。
　このミサイル発射が日本の情報収集衛星導入のきっかけとなった。ミサイル防衛システムのSM3ブロック2A[*15]の日米共同開発が決まり、日本が米国からミサイル防衛システム[*16]（MD）を導入する遠因になった。

　1998年8月31日、北朝鮮はテポドン1号を初めて発射しました。テポドンは津軽海峡付近から日本列島の上空を横断するルートをとりました。日本列島を横断したのです。日本国内は半ばパニック状態となり、「見過ごせない」「北朝鮮を攻撃するべきだ」と興奮した声が高まりました。

　日本政府はこのミサイル発射をきっかけに、同年12月22日の閣議で独自の偵察衛星の保有を決めました。情報収集衛星という名称とし、カメラを搭載した光学衛星、レーダーによって曇天でも地上を観測できるレーダー衛星という2種類の衛星を組み合わせて活用することになり、この2種類の衛星2基を搭載したH-ⅡAロケットは2003年に打ち上げられました。

　現在は合計8基が運用され、北朝鮮上空を1日1回は通過して、状況の変化などを観測しています。情報収集衛星は大規模災害などの画像撮影にも使われています。

＊15　2003年12月閣議決定により導入を決めたミサイル迎撃システム。日本に飛来する弾道ミサイルに対し、イージス護衛艦に搭載した迎撃ミサイル「SM3」で迎撃し、撃ち漏らしたら地上配備型迎撃ミサイル「PAC3」で対処する。

＊16　米国が開発した、イージス艦から発射する高性能化した艦対空迎撃ミサイル。

またテポドン発射をきっかけに、米国が開発を進めるミサイル防衛システムのうち、高性能の艦対空迎撃ミサイル「ＳＭ３ブロック２Ａ」の開発に参加することとなり、日米共同開発が始まりました。この参画がのちに、日本が米国からミサイル防衛システムを導入する遠因になったと考えられます。

※ウ　06年7月5日、北朝鮮から7発の弾道ミサイルが日本海に向けて発射され、すべて数分後に日本海に着弾。そのうち3発目が北朝鮮北東部の舞水端里《ムスダンリ》から発射されたテポドン2号である可能性が強い。
異なる基地、異なる種類の弾道ミサイルを連射し、米国のMDの弱点を突いた点にポイントがある。米政府は対抗して2発の模擬弾道ミサイルを的にしてイージス艦による迎撃実験を実施。

２００６年７月５日午前３時30分、短距離弾道ミサイル「スカッド」の発射を皮切りに、午前８時20分までに６発の短距離、中距離の弾道ミサイルが次々に発射され、間をおいて午後５時22分に７発目の発射で北朝鮮が初めて試みたミサイル連射が終わりました。発射地点は旗対嶺《キテリョン》が６発、舞水端里《ムスダンリ》が１発と発射地点は２カ所でした。

このミサイル連続発射の意味は、米国のミサイル防衛システムの弱点を突いたものといえます。弾道ミサイルを迎撃するにはレーダー波を絞り込んで、細長い円筒状として遠くのミサイルを探知する必要があります。

最初に発射された弾道ミサイルを探知中に、後から発射された別の弾道ミサイルを探知することはできないので、迎撃もできないことになります。

連射は、北朝鮮がこの弱点を知っていることを示し、対抗して米国は連続して発射された2発の模擬弾道ミサイルの迎撃実験を太平洋に配備したイージス艦を使って行いました。

※エ　09年2月4日、北朝鮮が舞水端里のミサイル発射施設で3段式のテポドン2号の改良型とみられる飛翔体の発射準備を進めている可能性が明らかになった。4月5日午前11時30分ごろ発射され、11時37分ごろ東北地方の上空数百キロメートルを通過した。

日本政府はミサイルではなく「飛翔体」と呼称。しかし、万一に備え、初めて弾道ミサイル破壊措置命令が出され、日本海にイージス護衛艦、軌道下の秋田、岩手および東京にＰＡＣ３を配備。以後、北朝鮮が発射を予告もしくは発射の兆候がある度東京に配備される。

4月5日に発射された長距離弾道ミサイル「テポドン」は東北地方の上空を飛翔し、１９９８年のミサイルに続いて、再び、日本列島上空を横断しました。

この時点では、すでに日本は米国で開発されたミサイル防衛システムを導入していました。導入が決まったのは、２００３年12月の閣議です。米国から導入したのは、イージス護衛艦から発射する艦対空迎撃ミサイル「ＳＭ３ブロック１」で迎撃を試みて、撃ち漏らしたら、地上に配備した地対空迎撃システム「ＰＡＣ３」で対処する2段階のシステムです。

ミサイル防衛システムの導入に合わせて自衛隊法が改正され、飛来した弾道ミサイルを首相の承認を得て防衛相が破壊措置命令、すなわち迎撃命令を出せるようになりました。

自衛隊のミサイル防衛システムは、航空自衛隊の運用トップ「航空総隊司令官」が担い、同司令官が首相や防衛相から弾道ミサイルの「破壊措置命令」や「防衛出動」などの行動命令を受けた場合、海上自衛隊のイージス護衛艦を含めた「ＢＭＤ（Ballistic Missile Defence＝弾道ミサイル防衛）統合任務部隊」の指揮を執ることになっています。

ミサイル防衛の中心となることから、航空総隊は米軍とのミサイル情報の共有と連携強化を図るため、２０１２年に府中基地から在日米軍司令部のある横田基地に移転しました。横田基地に新設された航空総隊庁舎の地下は米第5空軍司令部庁舎と結ばれています。

そして必要に応じて、自衛隊の統合、陸海空各幕僚監部とインド太平洋軍司令部（ハワイ）や在日米軍司令部との間で「共同統合運用調整所」が開設されます。このことは２００６年に日米合意した「米軍再編ロードマップ」で取り決められました。

ミサイル防衛システムは弾道ミサイルを最初に探知する米国の早期警戒衛星による「発射」の情報がなければ、機能しません。米国頼みでもあるので、日米の連携が不可欠となっています。同時にそれは米国の言いなりになるおそれをはらんでいます。

※オ　12年4月、北朝鮮の弾道ミサイル発射に備えて、日本ではイージス護衛艦を二隻展開。本土から地対空迎撃ミサイル「ＰＡＣ３」を配備。自衛隊配備を計画していた石垣島にはＰＡＣ３と隊員約４５０人、宮古島にＰＡＣ３と隊員約２００人、与那国島には隊員約50人が配備。以後、３回連続して配備。

北朝鮮が予告したミサイルの軌道は石垣島と宮古島の間にある多良間島の直上を通るルートだったにもかかわらず、自衛隊配備の計画がない多良間島へは連絡員２人のみ。先島諸島への自衛隊部隊配備の地ならし？

※カ　12年12月12日9時49分、北朝鮮の東倉里《トンチャンリ》にある西海《ソハエ》衛星発射場から、銀河３号によって打ち上げられ、９分27秒後の0時59分13秒に軌道に投入された。日本では４月と同じ自衛隊配備を実施。

※キ　16年2月7日9時31分ごろ、北朝鮮北西部の東倉里にある西海衛星発射場において、地球観測衛星光明星４号のロケット打ち上げと称して「光明星」と呼ぶ飛翔体を南に向けて発射した。飛翔体は沖縄県上空を通過して、飛翔体の一部が宇宙空間で軌道に乗ったとみられている。

4　ミサイル発射を利用する日本政府

２０１２年と16年には北朝鮮が「人工衛星を発射する」と公表して、その飛翔ルートも明らかにしました。南西諸島の宮古島と石垣島の間にある多良間島上空を通過するルートです。防衛省は「人工衛星」が落下するおそれがある、として宮古島や石垣島にＰＡＣ３を緊急に配備しました。

石垣島にはＰＡＣ３と隊員４５０人、宮古島にはＰＡＣ３と隊員２００人、与那国島には隊員50人を配備したにもかかわらず、肝心の飛翔ルートの直下になる多良間島へはＰＡＣ３の配備はなく、隊員２人が連絡員として派遣されただけでした。

当時、防衛省や陸上自衛隊は、陸上自衛隊の部隊が存在しない石垣島、宮古島、与那国島に新たに部隊を配備する計画があり、地元の目を慣らすための地ならしが狙いだったとみられています。

実際にその後、与那国島に沿岸監視隊が配備されたのを皮切りに石垣島、宮古島にミサイル部隊の配備が進んでいます。

韓国と北朝鮮のロケット発射について、日本政府の対応が極端に異なる点は注目に値します。

韓国は北朝鮮と比べるとロケット技術の開発が遅れ、２０１３年1月30日、３回目の人工衛星を発射することになりました。飛翔ルートは北朝鮮の人工衛星とほぼ同じルートです。しかし、防衛省は北朝鮮の人工衛星に対しては破壊措置命令を出し、韓国の人工衛星に対しては破壊措置命令を出しませんでした。

同じ事象であるのに国によって対応を変えるのは二重基準です。他国からの信頼を失う悪しき対応策ですが、「北朝鮮のやることは悪い」「信用できない」というのが日本政府の基本姿勢といえます。

これまで「対話のための対話では意味がない」と言って北朝鮮の金正恩朝鮮労働党委員長（当時）との会談を避けてきた安倍晋三首相は２０１９年5月になって突然、「北朝鮮と無条件で話し合う」と言い出しました。この前年の18年6月、初めて米朝首脳会談が行われたのを受けて、日本政府は北朝鮮のミサイル発射に備えて行っていた住民避難訓練を中止しました。

北朝鮮を刺激しないようにして、機をみて「無条件で話し合う」と提案したのですが、北朝鮮側は「厚かましい」とはねつけ、日朝対話はまったく進んでいません。

相手によって対応を変える二重基準を採用し、口先だけの外交をしても信用されないのです。

〈核開発関連〉

※A　北朝鮮は06年10月9日10時35分に初めて地下核実験を行ったと発表した。各国が観測した地震波からの推定によると爆発の規模はＴＮＴ換算で最小０・５ｷﾛﾄﾝ、最大で15ｷﾛﾄﾝという推定。

※B　09年5月25日9時54分ごろ、地下核実験が行われた。２００６年に続き2度目の核実験。２００９年４月のミサイル実験から約50日後に実施。

※C　13年2月12日、北朝鮮の朝鮮中央通信は3回目となる地下核実験を成功裏に実施したと発表し、今回の核実験は核兵器の小型化と爆発力の強化を行ったと述べた。

※D　16年1月6日10時ごろ、咸鏡《ハムギョン》北道《ブクト》吉州《キルジュ》郡《グン》豊渓里《プンゲリ》付近において行われた地下核実験。

北朝鮮は「水素爆弾（水爆）実験である」と主張、仮に事実であれば北朝鮮の核実験に水爆が使われたのは初となる。

※E　16年9月9日の建国記念日。爆発規模は過去の核実験では最大規模。TNT火薬換算で10キロトン程度。

北朝鮮の核開発の歴史は古く、１９４８年の建国当時まで遡ります。北朝鮮は鉱物資源に恵まれ、石炭も輸出していますが、その品質は火力発電にはあまり適さず、山岳部が多い地形から水力発電が重要視されてきました。

日本による韓国併合当時、日本が建設した、中国国境近くにある水豊《スプン》ダムは１９４４年の竣工時、出力70万キロワットあり、現在、日本一の発電量を誇る兵庫県の多々良木《たたらぎ》ダムの最大出力１９３万２０００キロワットと比べても大規模であることがわかります。それでも近代工業を進めるには火力発電、水力発電だけでは十分ではなく、金日成主席は原子力発電に注目しました。

朝鮮戦争休戦後の１９５６年、北朝鮮はソ連との間で朝ソ原子力研究協力協定を結び、大量の科学者や技術者をモスクワに派遣。61年、平壌《ピョンヤン》の北にある寧辺《ニョンビョン》に原子力研究センターの建設が開始され、62年にはソ連から小型の研究炉と核燃料が提供されました。

北朝鮮の原子力を語るとき、欠かせないのは李升基《リスンギ》博士の存在です。１９２０年韓国の全羅南道に生まれ、日本の松山高等学校を経て、京都帝国大学工学部に進学し、卒業後は助教授を務めました。日本人技術者とともに、現在、産業用資材として使われるビニロンを合成したことでも知られています。

しかし、日本政府の戦争政策に協力しなかったことから治安維持法により逮捕され、終戦まで拘束されました。その後、韓国へ戻り、ソウル大学校工科大学長に就任します。朝鮮戦争が勃発すると、北朝鮮へ逃れました。

北朝鮮で繊維工業の発展に尽力し、寧辺の原子力研究センターが設立されると初代所長となり、核兵器開発にも携わり、多くの技術者を育成したのです。

北朝鮮の核開発はこの寧辺原子力研究センターが中核となり、79年には出力5《メガワット》の黒鉛減速炉の建設を始め、86年1月には完成して電力と暖房用熱の電力供給を開始しました。この間の85年12月には、核拡散防止条約（ＮＰＴ）に加盟しています。国際的には核の平和利用を打ち出したことになります。

その一方で、94年5月には核兵器の原料となるプルトニウムを抽出するため使用済燃料棒約８０００本を原子炉から取り出し、核燃料貯蔵施設に貯蔵しています。

こうした経緯を振り返ると、電力供給を目的とした原発開発と同時進行する形で核兵器の開発を進めてきたことがわかります。

金日成が核保有を意識した理由は推測するほかありませんが、古くは朝鮮戦争で米軍が核使用を検討したことではないでしょうか。

南北の軍事バランスも要因として挙げられます。朝鮮戦争が休戦となった直後には北朝鮮の経済成長率が韓国を上回ったこともありましたが、韓国は朴正熙《パクチョンヒ》大統領の時代に「漢《ハン》江《ガン》の奇跡」と呼ばれる急激な高度経済成長によって急速に発展し、逆に北朝鮮に差をつけることになりました。

これにより、韓国が軍事的にも北朝鮮に優位に立つこととなり、北朝鮮は限られた軍事予算を有効活用できる核保有に力を注ぐことになったと考えられます。

現代の核兵器は、航空機から投下される広島型原爆や長崎型原爆ばかりでなく、ミサイルの弾頭に搭載する方式が普及しており、必然的に核開発とミサイル開発は不可分の大量破壊兵器として開発が進められたのです。

（3）日本に届く北朝鮮のミサイル

「わが国のほぼ全域を射程に収めるノドンミサイルを数百発保有・実戦配備している」

（令和元年版『防衛白書』）

種類	射程	保有発射機
スカッドC	約500キロメートル	100基以上
スカッドER	約700〜1000キロメートル	
ノドン	約1300キロメートル	50基以上
ムスダン	約2500〜4000キロメートル	50基以上

〔参考・日本のMDシステム〕

イージス護衛艦　4隻（将来的には8隻）、イージス・システム搭載艦（計画では2隻）

PAC3　34基

スカッドＣやスカッドＥＲ、ノドンの具体的な発射機数は米国防総省が２０１８年5月2日に公表した北朝鮮の軍事力に関する報告書からの引用です。この報告書にはミサイルを搭載した移動式の発射台が２００基以上あるとしています。また日本の『防衛白書』は北朝鮮が日本を射程に収めるミサイルを「数百発」保有しているとしています。

［資料９－３］北朝鮮に対する非核化の取り組み

（１）国際社会

●２００３年8月以降、６回にわたり、６者協議（北朝鮮、日本、米国、ロシア、中国、韓国）。

●05年第４回会合「すべての核兵器および既存の核計画」の放棄を柱とする共同声明。ところが……。

●06年北朝鮮による7発のミサイル発射と核実験。

●国連安保理決議１６９５（北朝鮮への非難）、１７１８（北朝鮮への制裁）。

●北朝鮮は6者協議[*17]に復帰。第6回会合で寧辺の核施設を無能力化。かつ「北朝鮮はすべての核計画の完全かつ正確な申告」で合意したが、完了せず、六者協議は08年で中断。

（２）北朝鮮の出方

●09年以降、再びミサイル発射を繰り返す。

＊17　核開発問題に関して、解決のため米国、韓国、北朝鮮、中国、ロシア、日本の6カ国外交当局の局長級が直接協議を行う会議。２００３年8月の第1回から２００７年3月の第6回までいずれも中国北京で計9次の会合が行われたが、それ以降開催されていない。

●05年核兵器製造を公言、12年に改正された憲法で「核保有国」と明記。
●13年3月、核抑止力さえあれば、安心して経済建設と核武力建設を並行して進めていく「並進路線」を採択。4月「自衛的核保有国の地位をさらに強固にすることについての法」を制定。
※事実上の核兵器保有国としての地位を確立することにより、米国との交渉を優位に進め、何らかの見返りを得ようとする瀬戸際作戦とみられる。

北朝鮮の究極の目的は金王朝の維持であり、米国の核の脅威に対抗するには核抑止が不可欠との考え。韓国、米国との通常戦力で対等の立場にたつのは不可能であり、イラク、リビアが米国などの攻撃により体制崩壊したのは核抑止力がなかったとの判断。
「イラク・リビア事態は、米国の核先制攻撃の脅威を恒常的に受けている国が強力な戦争抑止力を持たなければ、米国の国家テロの犠牲、被害者になるという深刻な教訓を与えている」（２０１３年12月2日／労働新聞）
北朝鮮が「核兵器は取引の対象ではない」と主張し核保有計画を維持する限り、「核放棄を実現して初めて平和条約の交渉に入ることができる」（オバマ大統領）との方針の米政府との距離は永遠に埋まらない。

トランプ大統領により、話し合い路線に方向転換。今後はシンガポールでの米朝合意の実効性を確保する必要がある。

日本に対しては……

「ひとたび朝鮮半島で火が付いた場合、日本にある米軍侵略基地はもちろん、戦争に利用される日本の全てのものは一瞬にして灰じんと化すであろう」「（朝鮮は）いまやその気になれば瞬間に日本を壊滅させるだけでなく、ハワイ、米国本土までも直撃破壊する報復能力を持っている」（2016年3月10日／労働新聞）

2016年3月7日付の祖国平和統一委員会報道官声明「日本と太平洋地域、米国本土にある全ての侵略の拠点が、北朝鮮が保有している様々な打撃手段の射程圏内にある」

核拡散防止条約（Treaty on the Non-Proliferation of Nuclear Weapons＝NPT）は、米国、ロシア、英国、フランス、中国の5カ国を核兵器国と定め、核兵器国以外への核兵器の拡散を防止する条約です。世界191カ国・地域が加盟し、非締約国はインド、パキスタン、イスラエル、南スーダンのみです。北朝鮮も加盟国です。

しかし、北朝鮮は2003年1月、NPTからの脱退を宣言しました。1993年に続いて2度目の脱退宣言です。

1993年の脱退表明のときは、米国による北朝鮮攻撃が計画され、戦争の寸前までいきました。「朝鮮半島危機」と呼ばれています。カーター元米大統領が北朝鮮に行き、金日成国家首席と直接交渉し、使用済み燃料棒を核弾頭に転用できない軽水炉型原発の建設や重油の提供などを交換条件に北朝鮮に核開発を断念させ、危機は去りました。北朝鮮はNPTから脱退しませんでした。

2003年の脱退表明をめぐり、米国、韓国、北朝鮮、中国、ロシア、日本による6者協議が立ち上がり、議論が続きました。

しかし、6者協議は08年で中断、北朝鮮は09年以降、再びミサイル発射を繰り返すようになりました。05年には核兵器製造を公言、12年に改正された憲法で「核保有国」と明記するに至りました。

そして13年3月、核抑止力さえあれば、安心して経済建設と核武力建設を並行して進めていく「並進路線」を採択。4月には「自衛的核保有国の地位をさらに強固にすることについての法」を制定し、今日に至っています。

5 「米国からの攻撃を抑止する」と主張

北朝鮮が核開発と核弾頭が搭載できる弾道ミサイルの開発を進めるのは、事実上の核兵器保有国としての地位を確立することにより、米国との交渉を優位に進め、何らかの見返りを得ようとするためです。

北朝鮮の究極の目的は「金王朝」の維持であり、米国の核の脅威に対抗するには核抑止が不可欠との考えがあります。経済が長らく停滞していることから、もはや通常戦力で韓国、米国と対等の立場になるのは不可能であり、同時にイラク、リビアが米国などの攻撃により体制崩壊したのは核抑止力がなかったからだ、との判断があります。

2013年7月2日第20回東南アジア諸国連合(ASEAN)地域フォーラム[*18](ARF)閣僚会合に出席した、北朝鮮の朴宜春《パクウィチュン》外相は次のように演説しました。

＊18 政治・安全保障問題に関する対話と協力を通じ、アジア太平洋地域の安全保障環境を向上させることを目的としたフォーラム。1994年から開催。「信頼醸成の促進」「予防外交の進展」「紛争へのアプローチの充実」という3段階のアプローチを設定して漸進的な進展を目指している。

「米国の敵視政策の清算は、わが共和国に対する自主権尊重に基づいて米朝間の平和協定を締結し、各種の反共和国制裁と軍事的挑発を終えるところからまず始めるべきである」

この演説から北朝鮮が米国との間での平和協定の締結を願っていることは明らかです。そのためには核保有国となり、対等の立場にならなければならないというのが北朝鮮の考えです。核ミサイルを保有すれば、米国からの一方的な攻撃を回避できるとも考えているのです。

[資料9－4] 核兵器の現状

(1) プルトニウム

- 北朝鮮は製造・抽出を数回にわたり表明。
- 09年6月、新たに抽出されるプルトニウムはすべて兵器化を表明。
- 13年4月、07年の第6回6者協議で無能力化で合意した寧辺の核施設を再稼働表明。

(2) ウラン

- 米国が02年、北朝鮮に核兵器用のウラン濃縮計画があると発表。
- 09年6月、北朝鮮はウラン濃縮への着手を宣言。
- 10年11月、訪朝した米国人に施設を公開。

（3）将来の核兵器

北朝鮮は核兵器の小型化、弾頭化を模索。運搬手段の弾道ミサイル開発と歩調を合わせ、核弾頭搭載のミサイルを開発と理解。潜水艦発射型を含め各種ミサイルへの搭載が進む。

北朝鮮は核実験を重ねることで事実上の核保有国となりました。米国が広島に落としたのと同じウラン型原爆[*19]と長崎に落としたのと同じプルトニウム型原爆[*20]の両方を保有しているとみられます。

保有する弾頭数は正確にはわかりませんが、20発から30発程度とみられ、弾道ミサイルに搭載できるよう小型化を進めています。すでに小型化に成功したとの見方もあります。

［資料9－5］内政

粛清により、権力集中の途上にある。幹部が金正恩の外交方針に異論を唱えづらくなった。南北首脳会談、米朝首脳会談などの一連の融和政策により海外情報が流入すれば、体制の安定性に疑問符がつく可能性もある。

なにせ金正恩氏による独裁国家ですから、周囲は異論を唱えることができません。見せしめの公開処刑も行われていて、基本的には恐怖による支配が続いています。国民に届く情報は厳しく制限され、報道の自由も思想・信条の自由もありません。

しかし、南北対話、米朝対話が進展し、自由主義国家からの情報が流れてくれば、国民

＊19　核分裂を起こす材料としてウラン２３８を使った原子爆弾。

＊20　核分裂を起こす材料としてプルトニウム２３９を使った原子爆弾。

が金正恩の独裁政治に疑問を持つ余地が出てきます。

［資料9－6］対外関係

（1）米国

米国はトランプ政権の誕生により、6者協議を通じた核計画廃棄に取り組む姿勢から一転して軍事オプションを視野に。一方、北朝鮮は米朝間における平和協定条約の締結の必要性に言及。

北朝鮮は世界の非核化が実現される以前の朝鮮半島の非核化は不可能であり、対話はなくなると主張。米韓合同演習に強く反発し、ミサイル発射で対抗。

2018年6月12日、初の米朝首脳会談。4項目で合意。

①米朝の両国民が平和と繁栄を望んでいることに従って、新しい米朝関係を構築する。

②朝鮮半島に永続的で安定的な平和体制を構築するため、ともに努力する。

③北朝鮮が朝鮮半島を完全に非核化するために取り組むとした、4月27日の板門店宣言を再確認する。

④米朝はすでに身元確認されたものを含め、戦争捕虜（POW）や行方不明兵の遺骨の回収に尽力する。

（2）韓国

10年3月の韓国哨戒艦沈没事件[21]、11月の延坪島《ヨンピョンド》砲撃事件[22]、2015年8月のDMZの地雷爆破事件[23]など南北間は緊張。韓国が中国との間で経済面のみならず、政治・外交面でも

＊21　2010年3月26日、韓国海軍の哨戒艦「天安」が朝鮮人民軍の魚雷攻撃で撃沈された事件。乗組員104名のうち46名（6名の行方不明者含む）が犠牲となった。

＊22　2010年11月23日、延坪島への朝鮮人民軍による砲撃と、これに報復する韓国軍による砲撃の応酬のこと。

＊23　2015年8月4日、非武装中立地帯（DMZ）でパトロール中の韓国軍兵士2人が、朝鮮人民軍が意図的に置いた地雷を踏み、足を失うなどの重傷を負った事件。

協力関係をみせている。文在寅《ムンジェイン》大統領の誕生により、北朝鮮と融和。2018年4月27日南北首脳会談により、板門店宣言＝南北統一（6項目）、緊張緩和（3項目）、平和構築（4項目）などで合意。

（3）中国

1961年に締結された「中朝友好協力及び相互援助条約」が継続。政治、外交、貿易の重要なパートナーであり、北朝鮮への影響力を有する。パイプ役だった張成沢の死刑により距離感。国連の制裁決議にも同調。石炭の輸出停止。国連の経済制裁に足並みを揃えたが、金正恩委員長の度々の訪中により歩み寄り。

（4）ロシア

2000年「ロ朝友好善隣協力条約[*24]」。11年8月に金正日がロシアを訪問。金正恩体制では12年9月に北朝鮮のロシアに対する債務の90%を帳消し。中国と同様6者協議による朝鮮半島の非核化を支持。2017年5月、万景峰号のウラジオストク路線を開設。2018年5月ラブロフ外相が訪朝。金委員長と会談。金委員長は2019年4月、訪ロし、プーチン大統領と初会談。

北朝鮮との関わりのある米国、韓国、中国、ロシアと北朝鮮との最近の関係は前記の通りです。

＊24 「ソ朝友好協力相互援助条約」（61年締結）は死文化、96年に失効したのを受けて、両国関係の立て直しのためロシアと北朝鮮の間で締結された。旧条約にあった締結国の一方が第三国から攻撃を受けた場合、もう一方が軍事的に支援するとの同盟関係条項は外され、「締約国の一方に攻撃の危険が及んだ場合（中略）、締約国は速やかに相互に連絡をとる」との規定にとどまった。

［資料9－7］将来

若き金正恩の出方次第。核兵器の小型化および長距離弾道ミサイルの開発が進めば、1993年、94年にあった米国による北朝鮮攻撃が再来する不安が浮上。当時、対米支援を拒否した日本は日米ガイドラインの改定および安全保障関連法の施行により、全面的に対米支援が可能。米国の背中を押す結果に？

トランプ政権は「すべてのオプションがテーブルにのっている」と明言。これを安倍首相は支持した。

しかし、2018年6月の米朝首脳会談により、朝鮮戦争の終結、在韓米軍の縮小、朝鮮半島の非核化、米韓合同軍事演習の中止など、事態は一気に緊張緩和の方向。現状では足踏み状態にある。

安倍首相は「（北朝鮮との）対話のための対話では意味がない」と主張していたが、2019年になって「条件なしで会う」と日朝首脳会談を模索。北朝鮮は応じていない。拉致問題の解決は可能なのか。

北朝鮮の将来は金正恩氏の出方次第といえます。

第10回　ミサイル防衛とイージス・アショア

［資料 10］ミサイル防衛システムとイージス・アショア

1　安倍首相の歴史認識

第10回の授業にあたる今回は「資料10　ミサイル防衛システムとイージス・アショア」ついて勉強します。

ミサイル防衛システムは、飛来する弾道ミサイルを迎撃する一連の防衛システムの名称です。弾道ミサイルは、核弾頭を搭載するタイプがあり、落下すれば甚大な被害が発生します。

この核弾頭が搭載された弾道ミサイルを落下する前に撃ち落とせば、被害を受けずに済むことになります。それは、とてもよいことのように見えますが、自国にも核弾頭を搭載したミサイルがあったとすれば、どうなるでしょうか。

おそらく、飛来する弾道ミサイルを迎撃するのと同時に、報復のための核ミサイルを相手国に発射することになります。その結果、両国の国土が徹底的に破壊され、未曾有の被害を受けることになります。

こんなバカなことをやっていては、いずれ人類は滅亡してしまうでしょう。核兵器を保有している国々が、その核兵器を決して使わないと約束することが、何より重要です。

実際に冷戦時代の米国とソ連は複数の核軍縮条約を締結し、互いに牽制する仕組みができていました。

ミサイル防衛システムについては、相手のミサイルを迎撃する道具ですから、こんなものを持っていると、約束を破って、相手国に対して弾道ミサイルを発射する日が来るかもしれません。だから、米国とソ連は、ミサイル迎撃もしないことを定めた条約を締結しました。

しかし、冷戦後、これらの条約は、米国によって一方的に破棄され、再び核軍拡競争を呼び込む結果になっています。

米国の同盟国として、米国で開発したミサイル防衛システムを世界で唯一導入したのが日本です。その実情を見ていきましょう。

2 米国が離脱したINF条約

【資料10】ミサイル防衛システムとイージス・アショア

［資料10－1］原爆の誕生

1938年12月、ドイツで原子の核分裂が発見された。

42年8月、アメリカの「マンハッタン計画」[*1]

45年8月、広島、長崎への原爆投下

〈原爆投下の理由（長崎原爆資料館の展示資料より）〉

●日本をできる限り早く降伏させ、米軍の犠牲を少なくしたかった。

＊1 第2次世界大戦中、ナチス・ドイツなどの一部枢軸国の原子爆弾開発に焦った米国、英国、カナダが原子爆弾開発と製造のために、科学者、技術者を総動員した計画のこと。

●1945（昭和20）年の米、英、ソ連の首脳によるヤルタ会談で、ソ連はドイツの降伏から3カ月以内に日本に参戦することを極秘に決めていた。米国はソ連の対日参戦より前に原爆を日本に投下し、大戦後世界でソ連より優位に立ちたいと考えていた。
●アメリカは原爆という新兵器を実戦で使い、その威力を知りたかったと同時に、膨大な費用を使った原爆開発を国内向けに正当化したかった。

原子爆弾は第2次世界大戦中、米国、英国、ドイツ、ソ連、そして日本で開発が進められました。いずれの国も劇的に戦況を変化させることができる、と見込んでの開発でした。米国は1938年にマンハッタン計画と名付けて、開発に着手し、45年7月、核実験に成功しています。翌8月6日、ウラン型原爆「リトルボーイ」を広島市に投下、9日にはプルトニウム型原爆「ファットマン」を長崎市に投下したのです。

広島市に投下した様子は、YouTube の動画（「広島原爆投下」）を見てください。4分45秒です。

[https://www.youtube.com/watch?v=7OCkNa41A6g]

1945年といえば、南方の島々は米国に占領され、原爆を積んだB29爆撃機が出撃したテニアン島など多くの島々から日本本土への空襲が本格化した年です。沖縄も硫黄島も米国の上陸作戦によって、占領されました。

緒戦こそ、真珠湾攻撃[*2]で戦果を挙げた旧日本海軍もすでに壊滅状態にありました。

＊2　1941年12月8日、日本海軍が空母6隻、航空機約350機を動員して米国のハワイ・オアフ島真珠湾にある米海軍の太平洋艦隊と基地に対して行った攻撃のこと。

1945年7月26日、米国、英国、中国の3カ国首脳名で、日本に無条件降伏を勧告する文書が発表されました。ポツダム宣言です。[*3] しかし、日本政府はすぐには回答せず、7月28日に鈴木貫太郎首相は「宣言を黙殺する」と発表しました。

そして原爆投下の日がやってきたのです。

米国は、日本本土への上陸計画も立てていましたが、すでに日本の敗戦は確定的でした。にもかかわらず、あえて米国が原爆投下に踏み切った理由は、「米軍の犠牲を小さくしたかった」「終戦後にソ連よりも優位に立ちたかった」「莫大な費用を投じた原爆の効果を知りたかった」の3点が長崎原爆資料館の展示資料に書かれています。

ちなみにポツダム宣言をめぐっては、安倍晋三首相が興味深い認識を示しています。2015年5月20日に国会であった党首討論で、共産党の志位和夫委員長の「総理はポツダム宣言の、日本の戦争は誤りであるという認識を認めないのか」との質問に対し、安倍首相は、こう回答しました。

「われわれはポツダム宣言を受諾し、敗戦となりました。ポツダム宣言の、日本の戦争の誤りを指摘した箇所についてはわたしはつまびらかに読んでないので今ここで答えられない」

安倍首相は、ポツダム宣言を読んでいないというのです。第1次安倍内閣で「戦後レジームからの脱却[*4]」「日本を取り戻す」と公言していたにもかかわらず、戦後日本の原点を

＊3　1945年7月26日、ベルリン郊外のポツダムにおいて、米・英・中三国の名で（のち、ソ連も対日参戦と同時に参加）発せられた日本に対する降伏勧告および戦後処理方針の宣言。日本の軍国主義の除去、軍事占領、主権の制限、戦争犯罪人の処罰、再軍備禁止などについて規定している。

＊4　第1次安倍内閣で安倍首相が提唱。「戦後レジーム」を「憲法を頂点とした、行政システム、教育、経済、雇用、国と地方の関係、外交・安全保障などの基本的枠組み」と定義し、①新自由主義的な社会体制にする、②ポツダム宣言と日本国憲法に基づく戦後国家、つまり軍隊を持たず、自

知らないとは。筆者はこのやり取りをテレビで見ていて、仰天しました。

しかし、安倍首相がポツダム宣言を読んでいないというのは本当のようです。

前記のやり取りより前、安倍氏は、雑誌『諸君！』（2005年7月号）のインタビューに答える中で、当時、国会で野党議員が「靖国参拝[*5]は、日本が軍国主義化に向かう象徴であり、ポツダム宣言に反する」と指摘したことに不満を表明し、こう言っています。

「ポツダム宣言というのは、アメリカが原子爆弾を2発も落として日本に大変な惨状を与えたあと、『どうだ』とばかり叩き付けたものです」

ポツダム宣言が発表されたのは7月26日です。広島の原爆投下は8月6日、長崎は同月9日ですから、順番がまるで逆ですね。歴史を学ばず、勝手な解釈のもと、堂々と自説を展開しています。だから、反知性主義なんて批判されるのかもしれません。

安倍首相を批判する言葉に「歴史修正主義者」というのがありますが、歴史を知らない歴史修正主義者ということになります。

［資料10－2］東西冷戦下で増えた核兵器保有国

- 1949年にソ連（ソビエト連邦の略で現在のロシア）
- 1952年にイギリス
- 1960年にフランス
- 1964年に中国

由と民主主義を基本とする政治体制の解体を目指した。

＊5　靖国神社は明治天皇の意向によって建てられた招魂社に起源を発し、国家のために殉死した246万6千余柱を祀る。極東国際軍事裁判（東京裁判）により「平和に対する罪」で有罪判決を受けたA級戦犯が合祀されており、中国、韓国は政治家の参拝に強く反対している。

※冷戦期アメリカ・ソ連・フランスを中心に約2000回の核実験。
※インド、パキスタン、イスラエル、北朝鮮も。

米国が日本に2発も原爆を落とした結果、ソ連を牽制するどころか、ソ連をはじめとする各国に核開発競争の火を付ける結果になりました。ソ連、英国、フランス、中国の順に核実験に成功し、いずれも核保有国となったのです。

するとと隣国同士で対立するインドとパキスタンが核開発に成功し、中東の中で孤立するイスラエルも核保有国になりました。今世紀になって北朝鮮が核保有国になっています。

【相互確証破壊（Mutually Assured Destruction＝MAD）】
〈冷戦期の核抑止理論〉
●1968年核拡散防止条約（NPT）が国連総会で採択
●1991年7月第1次戦略兵器削減条約（Strategic Arms Reduction Treaty＝START）1～3、新START
●1988年中距離核戦力全廃条約（INF）、米国離脱で19年8月失効

相互確証破壊というのは、冷戦時代に米国で発案され、米国からソ連に提示して、両国が共有することになった抑止理論のことです。以下の通りです。
「核兵器を保有して対立する2カ国のどちらか一方が、相手に対し核兵器を使用した場合、もう一方の国がこの先制核攻撃を受けても核戦力を生残させ、核攻撃によって報復する。

これにより、一方が核兵器を先制的に使えば、最終的に双方が必ず核兵器により完全に破壊し合うことを互いに確証する」

核兵器を保有する国同士が核兵器を使って攻撃をすれば、核兵器によって報復され、必ず、双方が壊滅するというのです。理論上、相互確証破壊を受け入れた2カ国間で核戦争を含む戦争は発生しないということになります。冷戦時代の米ソはこれにより、「恐怖の均衡」が保たれていました。

1968年、国連総会で核拡散防止条約（NPT）が採択されました。外務省ホームページによると、2020年1月現在、締約国は191カ国・地域で、非締約国はインド、パキスタン、イスラエル、南スーダンとなっています。

北朝鮮は1993年に脱退を表明しましたが、結局、NPTにとどまりました。2003年に再び脱退を表明しましたが、現在も加盟扱いとなっています。

NPTをひと言で説明すれば、米国、ロシア、英国、フランス、中国の5カ国を核兵器保有国と定め、この5カ国以外の国が核兵器を保有することを禁止する条約です。非核兵器保有国にとって著しく不公平な内容ですが、その非核兵器保有国が加盟することで核拡散の防止につながっています。

冷戦時代の米国とソ連との間では、第1次戦略兵器削減条約（START1）から始まり、START1は第2次、第3次まで議論されましたが、第2次が発足しなかったことで第3次も発効せず、結局、実効性があった核軍縮条約はSTART1のみとなっています。

START1の中身は、米ソ両国が保有する核兵器の運搬手段である3本柱の弾道ミサイル（ＩＣＢＭ）、潜水艦発射弾道ミサイル（ＳＬＢＭ）、重爆撃機の総数を条約の発効から7年後にそれぞれ１６００機へ削減することを規定したものです。

ＳＴＡＲＴ1に基づく２００１年12月現在の核弾頭保有数は、米国が５９４９発、ロシアが５５１８発となっています。

ＳＴＡＲＴ1は２００９年12月に失効し、11年2月から新ＳＴＡＲＴが発効しました。18年までに米ロとも、戦略核弾頭の配備数を１５５０発以下に、またミサイルや爆撃機などの運搬手段の総数を８００発以下（うち配備数は７００発以下）に削減するよう定めています。

新ＳＴＡＲＴは21年2月に期限を迎え、米ロは5年間の延長で合意しました。

一時、難航していた理由のひとつは米国の態度にありました。トランプ米大統領は２０１９年2月、１９８８年にソ連との間で締結した中距離核戦力全廃条約（ＩＮＦ条約）からの離脱を宣言し、ＩＮＦ条約は２０１９年8月2日に失効しました。

これにより、仮に新ＳＴＡＲＴまで失効すれば、米ロ間の核軍縮条約は完全になくなり、世界は冷戦以前に逆戻りします。米国はすでに低出力の核兵器を核弾頭搭載原潜（ＳＬＢＭ）に搭載し、「使える核兵器」としての運用を開始しています。米ロは再び、核軍拡の道を歩みつつありました。

ＩＮＦ条約とは核弾頭、通常弾頭を搭載した射程５００キロから５５００キロまでの中距離弾道ミサイルの保有や実験を禁止する条約でした。ＩＮＦ条約の締結により、欧州に配備された米ソの中距離弾道ミサイルが撤廃され、日本を射程に収めていたソ連が極東に配備していた中距離弾道ミサイルも全廃されました。

ＩＮＦ条約の失効により、今後は欧州や日本を射程に収めたロシアの中距離ミサイルがいつ配備されてもおかしくない状態です。すでに米国は今後2年間をかけて、アジア・太平洋に米国の中距離弾道ミサイルを配備することを発表しています。

現在、米軍の弾道ミサイルは、核弾頭搭載型であれ、通常弾頭搭載型であれ、日本に配備されていませんが、いずれ配備の計画が浮上するのは時間の問題でしょう。

トランプ米大統領がＩＮＦ条約から離脱した理由は、ロシアが条約違反のミサイル配備をしたこと（ロシアの飛び地であるカリーニングラード州への短距離弾道ミサイル「イスカンデル」の配備のことを指しています）、中国がＩＮＦ条約に加盟しておらず、不公平であることを主張しています。

「アメリカ・ファースト（米国第一）」を主張し、世界の平和や安全のことを省みないトランプ氏によって、世界は再び、核兵器の恐怖にさらされようとしているのです。

しかし、自分勝手な振る舞いをする米国の大統領はトランプ氏が最初、というわけではありません。

3　日本が導入した米国製のミサイル防衛システム

［資料10－3］弾道ミサイル迎撃の禁止（弾道弾迎撃ミサイル制限条約[*6]＝Anti- Ballistic

＊6　1972年に締結された米国とソ連との間の軍備制限条約。

Missile Treaty＝ＡＢＭ条約）

● １９７２年に締結されたアメリカ合衆国とソビエト連邦間の軍備制限条約
● ２００２年にアメリカが脱退したことから、無効化

［資料10－４］米国における弾道ミサイル迎撃計画

● 戦略防衛構想（Strategic Defense Initiative＝ＳＤＩ）。スターウォーズ計画
● １９８３年３月23日、レーガン演説
● ＳＤＩが最終的に冷戦終結、ひいてはそれに続くソ連崩壊をもたらす
● ＧＰＡＬＳ計画、ＴＭＤとＮＭＤ（各種の迎撃計画）
● 現代のミサイル防衛

冷戦時代の１９７２年、米ソは弾道ミサイル迎撃の研究、開発、保有を禁止するＡＢＭ条約を締結しました。

米ソがＡＢＭ条約を締結した背景には、以下のような理由があります。

「相手国のミサイルはすべて迎撃し、自国のミサイルを相手国に撃ち込めるようになれば、相手国はより多くの弾道ミサイルを配備して、迎撃網を撃ち破ろうとするはず。すると、自国もより多くの弾道ミサイルを持つことになり、相手国もこれに対抗してさらに多くの弾道ミサイルを持つようになる」

これでは国防費がいくらあっても足りません。ミサイル迎撃の試みは「無限の軍拡競争」の呼び水になるのでＡＢＭ条約が締結されたのです。

しかし、1980年代に米国のレーガン大統領がソ連の弾道ミサイル迎撃の正当性を強調し、スターウォーズ計画[*7]という名称を付けて、米国は一方的にミサイル防衛システムの開発に乗り出しました。

相手国の弾道ミサイルが発射されたブースト段階、宇宙空間に飛び出したミッドコース段階、地上に落下するターミナル段階という3段階で弾道ミサイルの迎撃を試みることにしたのです。

2002年12月、ブッシュ米大統領（息子）は米政府として公式にミサイル防衛システムの導入を決め、同時にABM条約を破棄します。

ここでも米国による条約破りが行われたのです。

[資料10－5] 日本に迎撃ミサイルシステムを導入
●2003年12月19日の安全保障会議および臨時閣議

日本政府は、米国によるミサイル防衛システムの導入からちょうど1年後の03年12月に小泉純一郎政権が米国からミサイル防衛システムを導入することを閣議決定しました。

飛来する弾道ミサイルをイージス護衛艦に搭載した艦対空迎撃ミサイル「SM3」で迎撃し、撃ち漏らしたら地対空迎撃ミサイル「PAC3（パック3）」で対処するという2段階方式です。

米国でもブースト段階の迎撃方法は確立されていないので、米国が有効と考えたミッド

＊7　軌道上にミサイル衛星やレーザー衛星、早期警戒衛星などを配備し、地上の迎撃システムと連携して敵の大陸間弾道ミサイルを迎撃し、米本土への被害を最小限にとどめる計画。

コース、ターミルの両段階におけるシステムをすべて導入したことになります。

4　ミサイル防衛が呼び込んだ特定秘密保護法

［資料10－6］　特定秘密保護法への道筋
●2005年　日米でPAC3のライセンス生産で合意
●2007年8月　ミサイル防衛に関し、日米で軍事情報包括保護協定（General Security of Military Information Agreement＝GSOMIA、ジーソミア）を締結
●2013年12月、特定秘密保護法が可決

米国からミサイル防衛システムの導入を決めた日本は、SM3は米国から輸入することとし、弾数の多いPAC3は米政府の許可を得て、日本で生産することになりました。このミサイル生産を含めて、ミサイル防衛システム自体が米国にとって高度な防衛秘密です。その防衛秘密を日米双方が保有することから、日米で軍事情報包括保護協定（GSOMIA）が締結されました。

GSOMIAは、日本全体に軍事秘密の保護を義務づけ、漏えいを禁じる包括的な枠組みです。保全対象は作戦計画、武器技術などあらゆる軍事分野におよび、口頭、文書、写真、録音、手紙、メモ・スケッチなどすべての伝達手法による漏えいを禁じています。

ただ、GSOMIAは日米間の条約に過ぎません。米国は日本に対し、情報漏えいを防

ぐための国内法の制定を迫ります。これが特定秘密保護法です。かつて、中曽根康弘政権下で国家秘密保護法（スパイ防止法）の名称で制定が試みられましたが、「政府が国民を監視してよいのか」などの批判が高まり、廃案になりました。

そんな法律がミサイル防衛システムの導入をきっかけに第2次安倍晋三政権下で、特定秘密保護法と名前を変えて、再び、国会に上程されたのです。

特定秘密保護法は、政府が指定した「特定秘密」を漏えいした公務員を懲役10年以下、報道した記者を懲役5年以下という厳罰に処する法律です。憲法で保障された「知る権利」との関連が問われる法律なので、過去には政府も制定に慎重な姿勢を見せてきました。しかし、安倍政権は2013年12月に強行裁決により、成立させました。野党は、安全保障関連法、「共謀罪」法と並んで、「戦争法」と呼んで批判しています。

［資料10－7］迎撃ミサイルシステムの限界

●日本が導入したのはミッドコース段階でイージス護衛艦から迎撃し、撃ち漏らしたら、ターミナル段階で地上配備のＰＡＣ3で迎撃する二段階システム
●イージス護衛艦は4隻（その後、8隻に倍増）、ＰＡＣ3は34基
●1個高射群は4個高射隊、一個高射隊に発射機は5基。ＰＡＣ3配備部隊は5基中2基

日本が導入を決定したのは北朝鮮のミサイル発射に対応したものですが、北朝鮮の弾道ミサイルが日本に飛来すれば、すべてを迎撃するのは不可能とされています。

「第９回　北朝鮮の軍事力と自衛隊」で説明した通り、北朝鮮は日本を射程に収める弾道ミサイルを「数百発」保有しています。

これに対し、迎撃できるイージス護衛艦は２０２１年３月に就航する「はぐろ」を含めても８隻です。１隻あたり、８発の迎撃ミサイルを搭載していますが、弾道ミサイル１発につき、２発の迎撃ミサイルを発射するので、理論上、迎撃ミサイルで撃ち落とせるのは最大で32発ということになります。

実際には自衛隊の護衛艦は、修理、訓練、任務という３つのローテーションで使われており、イージス護衛艦が８隻あっても任務に就けるのは最大でも３隻程度です。すると３隻で24発の迎撃ミサイルを搭載していることになるので、撃ち落とせる弾道ミサイルは最大で12発ということになります。

撃ち漏らした場合、地上に配備したＰＡＣ３が最後の砦となります。しかし、ＰＡＣ３は日本全体で34基しかなく、これも１発の弾道ミサイルに対して２発発射するので同時に対処できる弾道ミサイルは最大で17発となります。ＰＡＣ３の保有弾数の総数は不明ですが、北朝鮮が仮に数百発ある弾道ミサイルを連射した場合、すべてを迎撃するのは不可能です。

ＰＡＣ３は日本列島全体の中で、たいへんに小さな範囲しか防御できません。原発は１基もＰＡＣ３の防御範囲にはなく、仮に原発に弾道ミサイルが命中すれば、原子炉格納容器を直撃しなくても冷却に必要な電源に命中すれば、東日本大震災のときの福島第一原発と同様にメルトダウンを起こすおそれがあります。

さらに防衛省が作成した資料によると、北朝鮮がミサイル発射の際に試みているような同時発射、秘匿性・即時性向上、変則的な軌道により、北朝鮮側がより迎撃困難な状況を作り出すのは容易であることがわかります。

これまで説明してきた通り、弾道ミサイルとミサイル迎撃システムは、弾道ミサイルが矛（ほこ）だとすれば、ミサイル迎撃システムは盾（たて）にあたります。

矛と盾を組み合わせたのが中国の故事「矛盾」です。「この矛で打ち破れない盾はない。この盾で防げない矛はない」と言って矛と盾を売っていた商人に対し、客が「それならば、その矛でその盾を突いてみろ」と返したのです。矛盾は、つじつまが合わないことを指します。ミサイルとミサイル防衛システムの関係も同じです。強いミサイルは強固なミサイル防衛システムで迎撃されることがわかると、いっそう強力なミサイルが開発され、ミサイル防衛システムを打ち破ろうとします。それでは困るので今度はミサイル防衛システムをさらに強固にする……話はいつになっても終わりません。

日本政府はこのようなミサイル防衛システムの導入に2兆円近い防衛費を使いました。イージス護衛艦とＰＡＣ３という2段階のミサイル防衛システムを米国から購入したのは世界でも日本だけです。他国は限られた国防費をより有効に活用しています。

さらに安倍首相は２０１７年12月、イージス護衛艦の機能を地上に置いたイージス・アショアの導入を閣議決定しました。

5　安倍首相が決めたイージス・アショア導入

２０１７年２月、初めてトランプ米大統領と会談した安倍首相はトランプ氏から「バイ・アメリカン（アメリカ製品を買え）」と迫られ、米政府が日本に売りたかったイージス・アショアの導入を同年12月の閣議で決めたのです。

防衛省はそれまでイージス護衛艦を４隻から８隻に倍増させることで、ミサイル防衛システムの導入を完了させることにしていたにもかかわらず、政治決定によってイージス・アショアが追加されることになりました。

配備先を秋田市の新屋演習場、山口県萩市のむつみ演習場とし、イージス・アショアの導入に４６６４億円、これは迎撃ミサイルの料金は含まれていないので総額８０００億円近いカネが米国に支払われることになっていました。

２０１７年11月６日、日米首脳会談後の共同記者会見でトランプ氏と安倍首相は以下のように述べています。

トランプ大統領「首相は大量の（米国製）軍事装備を購入するようになるだろう。そうすれば、ミサイルを上空で撃ち落とせるようになる。先日、サウジアラビアが（イエメンから発射されたミサイルを）即時迎撃したように。米国は世界最高の軍事装備を保持している。Ｆ35戦闘機でもミサイルでも（米国から買えば）米国で多くの雇用が生まれ、日本はより安全になるだろう」

安倍首相「防衛装備品の多くを米国から購入している。安全保障環境が厳しくなる中、日本の防衛力を質的にも量的にも拡充していきたい。米国からさらに購入していくことになるだろう」

この記者会見で両首脳が語っている通り、日本は米国に対し、米国製武器の大量購入を約束したことがわかります。武器は必要に応じて導入するとは限らないのです。政治判断により、導入する、つまり米国にカネを払う目的で購入することがあるのです。

トランプ大統領の求めに応じて、米国製武器を「爆買い」すれば、日米関係はいっそう良好になり、万一の場合、米国が日本を守ってくれるようになる、そう考えているのではないでしょうか。

しかし、「第2回　日米安全保障体制」の授業で勉強した通り、日米間には安全保障条約があり、米国には日本の防衛義務があります。一方の日本には米軍への基地提供義務があり、また条約には規定されていませんが、日本政府は多額の米軍駐留経費を負担しています。日米安保条約と財政負担の両面で日米関係を支えているにもかかわらず、さらに米国の言いなりにならなければ日本の安全が維持できないとすれば、日本の安全保障政策そのものを、一度見直す必要があるのではないでしょうか。

米政府は海外に武器を輸出する際、対外有償軍事援助[*8]（Foreign Military Sales ＝ＦＭＳ）方式で輸出しています。高性能な武器ほどＦＭＳが適用されます。

＊8　米国の武器輸出管理法に基づき、外国に防衛装備品を提供する契約方法。商社経由で購入する方式とは異なり、ＦＭＳは米政府が価格を決め、政府間で取引する。米国の最先端装備を導入できる利点がある一方、技術の核心部分は開示されない。

このFMSはとんでもない商売で、①契約価格、納期は見積もりであり、米政府はこれらに拘束されない、②代金は前払い、③米政府は自国の国益により一方的に契約解除できる、という米政府に有利な一方的な商売です。

高性能な武器が欲しい国は唯々諾々とこの方式に従います。日本も例外ではありません。その結果、安倍首相が政治決定によって米国製武器の「爆買い」を続けたことにより、米国に対する武器購入費の支払額は年々増え、2019年度は7013億円に達しました。20年度は少し減り5013億円ですが、第2次安倍政権以前の約10倍となっています。

ただし、イージス・アショアは2020年になって配備を断念する事態となりました。河野太郎防衛相が6月15日に配備停止を表明、24日の国家安全保障会議（NSC）で正式に撤回が決まりました。

撤回の理由は、推進装置「ブースター」を安全に落下させるには2200億円の改修費と12年の年月を要し、「コストと期間が見合わない」（河野氏）としています。

自民党の国防部会などの合同会議ではイージス・アショアの代わりに「敵基地攻撃を検討すべきだ」との意見が出され、安倍首相もこの考えを支持しています。「守れないなら攻めろ」というのです。

政治決定により導入する予定だったイージス・アショアの代わりに「自衛隊を他国の基地の攻撃に使う」というのです。こんなおかしな話があるでしょうか。わが国が掲げる「専守防衛」は風前の灯火です。

しかも菅義偉首相は2020年12月18日の閣議でイージス・アショアの代替策として、イージス・アショアを船にのせたイージス・システム搭載艦2隻の建造を決めました。「焼け太り」もいいところです。

［資料10−8］核廃絶の必要性
国連で採決した核兵器禁止条約は122カ国が賛成。米、英、仏、中、ロの核保有国と日本は不参加。2017年6月15日から7月7日までの会合にも欠席。

日本は世界で唯一の戦争被爆国です。核廃絶に熱心か、といえば、そんなことはありません。日本は米国の「核の傘[*9]」に守られているから、「米国の核兵器がなくなっては困る」という立場なのです。

2017年、核兵器が広島、長崎に使われた第2次世界大戦から70年以上も経過して、ようやく核兵器禁止条約が国連総会で122カ国・地域の賛成で可決されました。反対は38カ国で核兵器保有国の米国、英国、フランス、ロシア、中国、イスラエルなどのほか、日本も反対に回っています。

日本の高見沢将林《たかみざわのぶしげ》軍縮大使は何度も会合に欠席しました。すると高見沢大使の席に毎日、折り鶴が置かれるようになりました。ある日などは「Wish you were here（あなたがここにいてほしい）」とあり、戦争で唯一の被爆国であり、核兵器に最も強く反対する立場の日本の不在を嘆き、批判する意味が込められていました。

［資料10−9］朝鮮半島の非核化と日本
朝鮮半島の緊張緩和を受けて住民避難の訓練を中止。それでもイージス・アショアは配

＊9　核保有国が同盟国に核兵器の抑止力を提供し、安全を保障すること。

備を続行しようとした矛盾。

日本政府は北朝鮮のミサイル発射の度に、国民に対し避難を呼び掛け、国と自治体の避難訓練を推奨していましたが、２０１８年6月、初めての米朝首脳会談が開かれたのを受けて、ぴたりとこの訓練をやめました。

米国が北朝鮮に融和的な態度をとるのだから日本もそうする、というわけです。

もとより、北朝鮮のミサイル発射は日本を標的にしたものではありません。米国に対する抑止力あるいは対話の材料としての核開発、ミサイル開発です。ですから、日本の領土に落下したことは一度もないにもかかわらず、日本政府は毎回、北朝鮮がミサイルを発射する度に国民に対し、避難するよう求めたのです。

政治家は、常に外敵を求めます。国内の求心力を高めるための古典的な手法のひとつです。米朝首脳会談の開催により、避難訓練を中止したのですから、ミサイル防衛システムの必要性も薄れたはずです。

しかし、イージス・アショアの配備撤回の見返りに、日本が攻撃的兵器の導入に進むとすれば、中国や韓国、北朝鮮、ロシアは日本の意図を疑い、日本への警戒感を高めるきっかけとなることでしょう。それは軍拡競争を招き、地域情勢の不安定化につながります。

第11回　問題だらけのオスプレイ

1　米専門家が語る構造的欠陥

第11回の授業は「問題だらけのオスプレイ」についての説明をします。

オスプレイは、米海兵隊のために開発された特殊な航空機です。翼の両端にあるローターと呼ばれるプロペラ部の角度を変えることで、離着陸するときはヘリコプターのようになり、上空を飛行するときには飛行機のようになります。

滑走路がいらない、夢の航空機なのですが、開発段階から墜落事故が相次ぎ、米国ではすでに40人以上が墜落事故で亡くなっています。

日本へは２０１２年12月、沖縄の米海兵隊普天間基地に12機が配備され、翌年の12月に追加配備されて、合計24機が揃いました。

ところが、配備から5年もしないうちに、２機が墜落によって失われ、乗員３人が死亡しています。事故は以下の通りです。

２０１６年12月13日夜、普天間基地のオスプレイがＭＣ１３０特殊作戦機[*1]と空中給油訓練をしている際、オスプレイの右側のプロペラがＭＣ１３０から伸びたホースの給油口に接触して壊れ、機体のバランスを崩して名護市安部の浅瀬に墜落。乗員２人が負傷しました。

２０１７年8月、米豪合同軍事演習に参加していた普天間基地のオスプレイが強襲揚陸

＊1　米空軍のＣ１３０輸送機をベースに特殊作戦に従事するための改装が施された輸送機・特殊作戦機。

陸上自衛隊のオスプレイ（陸上自衛隊のHPより）

艦への着艦に失敗して墜落、乗員3人が死亡しました。

米海兵隊の報告書によると、事故機は強襲揚陸艦を離陸後、ドック型揚陸艦[*2]の甲板に着艦を試みたところ、艦の手前で高度が急速に低下。右舷に衝突して海中に墜落した、ということです。

報告書は、15年12月9日に米西海岸沖で訓練中、同じクラスの揚陸艦への着艦に失敗したオスプレイの事故に言及。「いずれの事故も、還流したダウンウオッシュ（吹き下ろし）が艦体にはね返り、ローター（回転翼）の弧に入り込んだ」と分析しています。

報告書は、「人的ミスは一切なかった」ことも繰り返し強調しており、洋上で強襲揚陸艦から他の艦船への移動が困難であるという、構造的な問題が浮かびました。

構造的な問題については、２００９年6月に米下院の公聴会で米国防総省の元主任分析

＊2　戦車などを運ぶ揚陸艦のうち、艦内に持つドックに収容した上陸用舟艇を用いた揚陸を主体として行う軍艦。

官、レックス・リボロ氏が「オートローテーション機能に欠陥がある」と証言しています。リボロ氏が欠陥を指摘したオートローテーション機能とは、ヘリコプターのエンジンが停止した場合、機体降下で生まれる空気の流れで回転翼を回し、揚力を得て緊急着陸するヘリコプター特有の機能のことです。

リボロ氏は同機能の欠如について「模擬操縦機での訓練では克服できない」と述べたうえで「民間の輸送機なら連邦航空局[*3]（Federal Aviation Administration＝ＦＡＡ）の安全基準を満たしていない。国防総省はこれまで兵士が搭乗する軍用機にＦＡＡと同等の基準を要求してきたが、オスプレイは初めてそこから逸脱した」と指摘しています。

つまり、オスプレイは、構造的な欠陥がある航空機ということになります。

2　沖縄配備を受けて自衛隊も導入

こうした事実は沖縄に配備される前からわかっていて、沖縄の人々は「オスプレイ配備反対」を訴えました。一方、防衛省はオスプレイの安全性を強調するパンフレットを作成し、沖縄で配布し、理解を求めたのです。

すると、当時の民主党政権の玄葉光一郎《げんばこういちろう》外相が自衛隊へのオスプレイ導入を提案、森本《もりもと》敏《さとし》防衛相が同調して、２０１３年度防衛費に調査費を計上しました。総選挙で再び自民党政権になると、安倍首相はこの方針を引き継ぎ、正式にオスプレイの導入を決めたのです。

＊3　米国運輸省の下部機関で、航空輸送の安全維持を担当する部局。米国内での航空機の開発・製造・修理・運航のすべては同局の承認が必要。

オスプレイは陸上自衛隊に17機配備されることになりました。自衛隊版海兵隊と呼ばれる「水陸機動団」（長崎県佐世保市）が運用することから、防衛省は佐世保に近い佐賀空港への配備を決めましたが、地権者の有明海漁協の反対により実現できず、千葉県の木更津駐屯地に暫定配備されることになりました。

新型コロナの問題がなければ、２０２０年６月には２機が配備される予定でしたが遅れていて、７月に配備されました。最終的には17機すべてが当分の間、木更津駐屯地に置かれることになります。

米軍は海兵隊版のほか、空軍版、海軍版のオスプレイも開発。すでに東京の横田基地には空軍版オスプレイが５機配備され、２０２４年までには10機に倍増されることが決まっています。

また海軍版は横須賀基地を事実上の母港とする空母「ロナルド・レーガン」に２機を搭載する予定で、配備先は空母艦載機が配備されている山口県の岩国基地となることが見込まれています。

すると米軍は海兵隊版24機、空軍版10機、海軍版２機を日本に配備することになります。これに自衛隊版の17機を加えると、日本の空を合計53機ものオスプレイが飛び回ることになります。

防衛省は安全を強調していますが、安全に疑問符が付いた別の航空機もあります。

日本が米政府から購入したレーダーに映りにくいステルス機でもあるＦ35戦闘機の場合、

機種の選定段階では開発途上にあり、候補となった他の２機種との飛行審査を行いませんでした。航空自衛隊がステルス機欲しさから、まともな比較検討もしないで、カタログに書かれた性能だけで導入を決めたのです。

その後、開発した米国では操縦士に危険がおよぶなど、数多くの問題点が指摘されています。２０１９年３月には、航空自衛隊がＦ35を配備した青森県の三沢基地近くの太平洋に１機が墜落、操縦士１人が死亡しています。米軍より先に死亡事故が起きたのです。すでに何度も墜落事故を起こしているオスプレイが日本で墜落するのも時間の問題かもしれません。

これまで説明してきた通り、ミサイル防衛システムを米国から本格的に導入したのは世界でも日本だけです。オスプレイを購入したのも米軍以外では自衛隊が最初です。ミサイル防衛システムは高額なうえ、費用対効果が疑わしいので、開発した米国以外では導入する国はありません。オスプレイも同様です。安全が確認できない航空機に自国の兵士を乗せ、墜落して国民に被害を与えるようでは、国民を守るはずの軍隊にとって本末転倒です。

だから、どの国もミサイル防衛システムの導入を見送り、オスプレイを購入しないのです。これまで説明してきた通り、日本はどちらも政治決定により、導入が決まりました。軍事のシロウトの政治家が「これで戦え」と軍事のプロの自衛隊に武器をお下げ渡しするのです。とうていまともな判断とは思えません。

もちろん時の政権には、米国との良好な関係を維持する必要があります。だからと言っ

て、トランプ米大統領の要求に従って、武器を買い続けたのは、日本のための政治という
より、政権維持のため、また米国のための政治をしていることになります。
悲しく、情けない話ですが、これが日本の現実なのです。

第12回　安全保障関連法

［資料 11］ 安全保障関連法

［資料 11－1］ 安倍首相の狙い

［資料 11－2］ 第 2 次安倍政権の特徴

［資料 11－3］ 安倍訪米の狙い

［資料 11－4］ 憲法解釈を変えた安全保障関連法

［資料 11－5］ 安保法施行で自衛隊に起きたこと

［資料 11－6］ 将来起こり得る事態

1　「法の支配」を壊す安全保障関連法

第12回の授業にあたる今回は「資料11　安全保障関連法」について勉強します。

「法が終わるところ、暴政が始まる」

これは英国の哲学者ジョン・ロック[*1]の『統治二論[*2]』に出てくる言葉です。

そして日本は「法の支配」する国であり、決して専制的国家を意味する「人の支配」する国ではないはずです。しかし、その法が終わり、暴政が始まったのではないでしょうか。

憲法改正を目指す安倍晋三首相は、２０１４年７月１日、閣議決定によって憲法解釈を一方的に変更しました。

これまで歴代内閣が違憲としてきた集団的自衛権の行使を合憲としたのです。わが国の憲法解釈は、長年の国会論戦の結果、定着してきました。それを一内閣の判断で変更することは独裁的行為であり、決して許されるものではありません。

しかし、安倍首相は翌15年5月、集団的自衛権行使を含む安全保障関連法案を閣議決定し、国会に上程、同年9月には強行採決により、成立させました。

安全保障関連法（安保法制）は16年3月に施行され、最初に南スーダンＰＫＯにおける「駆け付け警護」が命じられ、同時に「宿営地の共同防護」も容認されました。次には自衛隊による米軍の艦艇や航空機の防護が実施されています。

＊1　17世紀の近代イギリスを代表する思想家。イギリス経験論の父として、また民主主義の政治原理の基礎を築いた政治哲学者として、近代に大きな影響を与えた。

＊2　ジョン・ロックの主著。二篇から成り、第一篇では王権神授説を否定し、第二篇では政治権力の起源を社会契約によると示した。自由主義の思想は、アメリカ独立宣言の核心となり、フランス人権宣言にも影響を与えた。

安保法制により、他国軍との共同行動が世界規模に広がったことを受けて、海上自衛隊はインド洋、南シナ海へ進出し、自衛隊の単独訓練、日米共同訓練、多国間訓練を繰り返すようになっています。

もはや専守防衛の制約など、どこにもないかのような自衛隊の行動は、安保法制を成立させた自民党政権のもとで、さらに増えていくことが予想されます。

安全保障は軍事一辺倒ではないはずです。政治、外交、経済、文化、人的交流などさまざまな要因が組み合わされて、その国の安全が保障されています。新型コロナウイルスの感染拡大は、公衆衛生も安全保障の一分野であることを教えてくれています。

極端に軍事に傾斜すれば、周辺国はその国の意図を図りかね、警戒感を強めて軍事力を強化し、地域が不安定化するという「安全保障のジレンマ」に陥りかねません。

では、安保法制が制定された経緯と現状について学んでいきましょう。

【資料11】安全保障関連法

【資料11－1】安倍首相の狙い

（1）第1次安倍政権（2006年9月～07年9月）でやったこと

①教育基本法[*3]の改定

②国民投票法[*4]の制定

③安保法制懇の設置

＊3　教育についての原則を定めた法律。

＊4　憲法第96条に基づき、憲法改正に必要な手続きの国民投票に関して規定する法律。

※「国家主義的国家への変容」「改憲か解釈改憲の二本立て路線」

２００６年９月、安倍晋三氏は首相に就任しました。第１次安倍政権です。最初に取り組んだのは、教育基本法の改正でした。

教育基本法は日本国憲法を国民に根付かせるための特別な法律です。ですから、憲法が施行された日と同じ１９４７年５月３日に施行されています。

教育基本法が施行されたこの日、文部省訓令が発出されました。「さきに、憲法の画期的な改正が断行され、民主的で平和的な国家再建の基礎が確立せられたのであるが、この理想の実現は、根本において教育の力にまつべきものである」とあり、学校教育を通じて、憲法を国民に広く定着させようという文部省官僚の意気込みにあふれています。

しかし、憲法改正を図る安倍首相にとっては、この教育基本法は邪魔者でしかありません。そこで教育基本法の骨格をガラリと変え、学校教育を通じて、国民に愛国心や郷土愛、家族愛を根付かせる法律に一変させたのです。

安倍首相は教育基本法について、戦前にあった教育勅語と同じ効果を期待しているのではないでしょうか。すなわち、ひとたび時の政権が「日本の危機だ」と喧伝する事態になれば、教育勅語は天皇のために命を投げ出すことを求めていました。安倍首相は、教育基本法改定によって国や郷土を守るために喜んで命を投げ出す国民を育成することを目指したと考えられます。

2　集団的自衛権行使を解禁する理由

次に安倍首相が踏み切ったのは、国民投票法の制定です。憲法第96条には、次のような改憲規定があります。

「この憲法の改正は、各議院の総議員の3分の2以上の賛成で、国会が、これを発議し、国民に提案してその承認を経なければならない。この承認には、特別の国民投票又は国会の定める選挙の際行はれる投票において、その過半数の賛成を必要とする」

憲法改正には衆議院、参議院の総議員の3分の2以上による改憲の発議が必要なうえ、国民投票によって過半数の賛成を得なければなりません。しかし、日本には国民投票について定めた法律がありません。そこで安倍首相は国民投票法を制定しました。

次には有識者を集めて首相の諮問機関「安全保障の法的基盤の再構築に関する懇談会（安保法制懇）」をつくり、①公海上で行動をともにする米艦への攻撃に応戦、②米国に向かう弾道ミサイルの迎撃、③国際平和活動での武器使用を国際基準に、④国際平和活動や周辺事態での後方支援拡大――の4類型への対応を求めました。

安保法制懇のメンバーは、岩間陽子政策研究大学院大学准教授、岡崎久彦ＮＰＯ法人岡崎研究所理事長・所長、葛西敬之東海旅客鉄道株式会社代表取締役会長、北岡伸一東京大

学大学院教授、坂元一哉大阪大学大学院教授、佐瀬昌盛拓殖大学海外事情研究所客員教授、佐藤謙財団法人世界平和研究所副会長（元防衛事務次官）、田中明彦東京大学教授、中西寛京都大学教授、西修駒澤大学教授、西元徹也NPO法人日本地雷処理を支援する会会長（元統合幕僚長）、村瀬信也上智大学教授、柳井俊二国際海洋法裁判所判事（元外務事務次官、元駐米大使）の13人です。いずれも安倍首相の考えに賛同する人たちですから、結論は明らかです。

安保法制懇は4類型について、いずれも集団的自衛権行使と解釈される可能性はあるが、自衛隊は踏み切るべきだ、とする報告書を出したのです。しかし、提出相手が安倍首相の退陣した後の福田康夫首相だったことから、報告書は棚上げされました。

２０１２年12月、再び政権に返り咲いた安倍首相は、第1次安倍政権の安保法制懇メンバー13人に細谷雄一慶應義塾大学教授を加えて14人を招集し、同様の類型について諮問しました。同じメンバーで議論するのですから結論は変わりません。安倍首相は提出を受けた報告書をもとに憲法解釈の変更に踏み切ることにしたのです。

（2）なぜ改憲か

①安保改定で退陣した母方の祖父、岸信介の夢を実現する？

②２０１２年４月発表の自民党憲法草案への移行

（国家主義、天皇元首制、基本的人権の抑圧、国防軍）

（3）なぜ集団的自衛権の行使を容認するのか

①安倍首相の政治信念（安倍晋三・岡崎久彦著『この国を守る決意』扶桑社、2004年）

「われわれには新たな責任があります。この日米安保条約を堂々たる双務性にしていくということです。（略）いうまでもなく軍事同盟というのは〝血の同盟〟です。日本がもし外敵から攻撃を受ければ、アメリカの若者が血を流します。しかし、今の憲法解釈のもとでは、日本の自衛隊は、少なくともアメリカが攻撃されたときに血を流すことはないわけです。（略）双務性を高めるということは、具体的には集団的自衛権の行使だと思います」

※日米安保条約が片務的だとの考えはトランプ大統領と一緒

②外務省の思惑（尖閣防衛）

③米国のアーミテージ・リポート（2000年、07年、12年）の影響

安倍首相は、憲法施行71周年を迎えた2018年5月3日の憲法記念日のビデオメッセージで「憲法改正への道はたやすい道ではないが成し遂げる」と意欲を語り、「憲法改正への決意に揺らぎは全くない」と強調しました。

なぜ安倍首相が憲法改正に強い執念を燃やすのか、本人がその理由を説明していないので、推測するしかありません。ひとつは安倍首相が敬愛し、尊敬してやまない母方の祖父、岸信介元首相が憲法改正を目指したことが理由ではないでしょうか。

岸元首相は1960年に日米安全保障条約を現在の条約に改正しましたが、国民の強い反発を受け、退陣しました。岸氏はその後のインタビューで「憲法改正をなし遂げたかった」と述べており、安倍首相はその意思を実現しようとしたとみられます。

もうひとつの理由は、自民党総裁としての「責務」が挙げられます。自民党は野党だった２０１２年４月に独自の憲法改正草案を発表しており、総裁として実現する必要があると考えていることです。

この２０１２年草案は、２００５年に発表した最初の自民党草案と比べて、いっそう国家主義が強く打ち出され、天皇元首制、国防軍の保持（２００５年の草案では自衛軍）、基本的人権の制約などが盛り込まれています。

国の主人公を「国民」から「国家」へと入れ換える憲法草案ということができます。近代国家の憲法は、国民の権利や自由を国家権力から守るためにあります。自民党憲法草案は国家のために国民の権利や自由を奪い、制限する内容となっています。

安倍首相は、憲法改正を目指すと同時に集団的自衛権行使の解禁にも熱心に取り組んできました。憲法改正ができなければ、憲法解釈を変更して集団的自衛権行使だけでも禁止から容認へと変えようというのです。

これまでは特別措置法で対処してきた対米支援のための自衛隊海外派遣が、現在では恒久法の安保法制で可能となっています。いつでも自衛隊を海外へ送り出す準備はできているのです。

では、なぜ安倍首相が集団的自衛権行使の解禁にこだわるのかと言えば、これは自身の著書『この国を守る決意』の中で明らかにしています（前ページ参照）。重要なので今一度読んでみてください。

「われわれには新たな責任があります」の言葉で始まる安倍氏の考えによると、①日米安保条約は片務的である、②対等な条約にするためには日本が集団的自衛権行使に踏み切らなければならないない、ということになります。

これは日本政府が国民に対して「日米安保条約は第5条と第6条により双務性を帯びている」と説明してきたこととまったく違います。安倍首相は独自の見解によって、集団的自衛権行使の解禁が不可欠だと主張するのです。

また、この考えに同調しているのが外務省です。日本と中国との間には尖閣諸島の領有権をめぐる争いがあります。外務省は、仮に尖閣をめぐり、日中が武力行使する事態になれば、米国には日本を守るために米軍を出動させてほしい、と考えています。

しかし、外務省も安倍首相と同様、日米安全保障条約だけでは安心できないので、米国の戦争に自衛隊を差し出す集団的自衛権行使の解禁が不可欠だ、と考えているのです。米国からの「見捨てられ」をおそれて、安保法制を制定することにより、米国への「しがみつき」に出たというわけです。

3　安倍首相がフルに利用した人事権

また、米国の中で知日派と呼ばれるリチャード・アーミテージ元国務副長官、ジョセフ・ナイ元国防次官補らは米国の民間シンクタンク「戦略国際問題研究所[*5]（Center for Strategic and International Studies＝ＣＳＩＳ）を通じて、２０００年、07年、12年、18年

＊5　米国の首都ワシントンに本部を置くシンクタンク。幅広い人材を集め、国家安全保障、外交政策などの論文を発表している。日本の公益財団法人東京財団（日本財団の下部組織）と協力関係にある。

の4回にわたり、「アーミテージ・リポート」[*6]を発表し、軍事面において米国からみた都合のよい日本の実現を目指しています。

この18年と20年の発表分を除く3回の「アーミテージ・リポート」の中で毎回、「日本が集団的自衛権行使を禁止していることが正常な日米同盟の阻害になっている」とあり、憲法改正か、憲法解釈の変更による集団的自衛権行使の解禁を迫っています。

こうして見てくると日本が安保法制を制定して集団的自衛権行使を解禁したのは、安倍首相の信念、外務省の思惑、米国の都合の3つが重なり合って、実現したことがわかります。

安保法制の制定により、集団的自衛権行使は解禁され、安倍首相の思惑通りになりました。

安保法制が国会で議論されていた当時、野党などは「米国の戦争に巻き込まれる」と主張して、法案の成立に反対しました。安保法制が成立して5年以上が経過しています。しかし、日本は米国の戦争に巻き込まれていません。野党の指摘は的外れだったのでしょうか。

そうとは言い切れないと思います。今、日本が米国の戦争に巻き込まれていないのは、米国が海外で大きな戦争をしていないからだと考えられます。

これまで見てきた通り、わが国は、米国によるアフガニスタン攻撃ではテロ対策特別措置法を制定し、また米国がウソをついて引き起こしたイラク戦争ではイラク特別措置法を制定して、自衛隊をインド洋や中東のイラク、クウェートへと派遣しています。

＊6　日本に向けた政策提言集。集団的自衛権行使の解禁や軍事面での日米一体化を促し、米国にとって「都合のよい国」になるよう求めている。政府・自民党が重視している。

過去に特措法まで制定して対米支援をしてきた現実があるのですから、恒久法の安保法制が施行された今、いつでも対米支援に踏み切ることができるのです。

[資料11－2] 第2次安倍政権の特徴

（1）手段としての「富国強兵」

①富国・アベノミクスによる株高、円安の演出。政権の安定化を模索

②強兵・自衛隊を積極活用した安全保障政策＝積極的平和主義

（2）独裁に等しい閣議優先、国会軽視

●2013年12月、国家安全保障会議の設置に合わせて特定秘密保護法を制定

●2014年7月1日の憲法解釈の変更による集団的自衛権行使の容認

※あり得ない事例をみせて国民をトリックにかける手法

●日米ガイドラインを先行させ、安全保障関連法案は後回し

※閣僚だけで集団的自衛権行使容認を既成事実化

第1次安倍政権は、「消えた年金」をはじめ「政治とカネ」の問題や失言で閣僚が次々と辞任するなどの事態に発展。07年7月の参院選で大敗し、その後の退陣につながりました。第2次安倍政権は、この反省のうえに立ち、常に内閣支持率をにらみながら、巧みに強硬策と懐柔策を繰り返す手法をとるようになりました。

第2次安倍政権で安倍首相が最初に取り組んだのは、民主党政権で大幅に下がった株を

引き上げる一方、一時は80円台にまで上がった円を引き下げることでした。

安倍首相は新たな経済政策「アベノミクス」を掲げ、大胆な金融政策、機動的な財政政策、民間投資を喚起する成長戦略の「三本の矢」を政策運営の柱に掲げました。

また人事権をフルに活用しているのも第2次安倍政権の特徴です。アベノミクスを実現するため、日銀総裁を白川方明《しらかわまさあき》氏から黒田東彦《くろだはるひこ》氏に替えました。黒田氏はデフレからの脱却を掲げ、大胆な金融緩和策を打ち出しています。

また憲法解釈の変更を目指し、「憲法の番人」といわれる内閣法制局の長官に小松一郎駐仏大使を充てました。小松氏は第1次政権で集団的自衛権行使に賛成する立場を表明しており、安倍氏が一本釣りしたのです。

しかし、内閣法制局長官は憲法解釈を専門に行う第1部長、副長官を経験した後に就任するのが慣例です。「やりたいこと」のためなら人事に手を突っ込むのは当然、という態度は2020年1月の閣議により、異例の定年延長を決めた東京高等検察庁の黒川弘務《くろかわひろむ》検事長の問題と通じるところがあります。

小松氏は内閣法制局長官に就任するや憲法解釈の変更を明言し、安保法制が審議された2015年の通常国会で、変更された憲法解釈を正当化する答弁を繰り返したのです。

さらに安倍首相は、NHKの経営委員を刷新することでNHK会長に実業家の籾井勝人《もみいかつと》氏を就任させました。

安倍氏は内閣副官房長官だった2001年1月、NHKが教育テレビで放送する予定だった「問われる戦時性暴力」[*7]の放送前夜、NHK幹部と面会し、番組内容の説明を求めました。放送直前になって「内容を変えろ」という指示が現場に下りてきて、中身が大きく

＊7　NHKが2001年1月30日に放送したETV特集シリーズ「戦争をどう裁くか」の第2夜放送分。太平洋戦争中に旧日本軍が関与した従軍慰安婦問題を取り上げた。

変更された番組が放送されることになりました。

　このとき以来、安倍首相にとってＮＨＫのあり方を変えることが目標になったのかもしれません。

　籾井氏は会長に就任した後、「政府が右というものを左と言うわけにはいかない」と述べ、ＮＨＫは報道機関として求められる政権監視の役割を放棄したことを印象づけました。その後のＮＨＫは「『みなさまのＮＨＫ』ではなく『安倍さまのＮＨＫ』だ」と揶揄されるほど政権寄りの放送が目立ち、公共放送としてのあり方に疑問符が付きました。


　また、第2次安倍政権では国会審議を軽視し、閣議決定で政策を進めていく姿勢が鮮明になりました。

　閣議決定は、全会一致の原則がありますが、閣僚は全員、首相が選任しているのですから正面から首相に反対することは、まずありません。仮に閣議決定に反対した場合、大臣を罷免つまりクビを切られることになるだけです。

　したがって安倍首相にとっての閣議決定は、実は民主的な議論の成果などではなく、独裁にお墨付きを与える偽装工作の現場ではないのかと疑ってかかる必要があります。

　奇妙な閣議決定のひとつは、安倍首相が森友学園問題などで追及を受けていた２０１７年、首相夫人の昭恵氏について「公人ではなく私人であると認識している」との答弁書を閣議決定したことです。

　昭恵氏は森友学園が開校を目指した小学校予定地の国有地を政府が格安で払い下げた問題との関わりが指摘されていました。「私人」と閣議決定することで政府への影響力はないと強弁する結果になりました。

その「私人」であるはずの昭恵氏には経済産業省出身の官僚が専任の秘書役として付き、国費で開催された「桜を見る会」で招待者枠を持っていました。政府は昭恵氏を実際には「公人」として扱っていることがわかります。

国政選挙で6連勝した安倍首相は政権基盤を磐石なものとし、第2次安倍政権以降、閣議決定された法案は、強行採決により、次々に成立していきました。

2013年12月、国家安全保障会議の設置に合わせて特定秘密保護法を制定、2014年7月1日には憲法解釈の変更による集団的自衛権行使の容認を閣議決定、2015年5月15日には安全保障関連法案を閣議決定し、国会へ上程し、9月19日強行採決しています。

4　空論のホルムズ海峡の機雷除去

2014年5月15日、安倍首相は安保法制懇の報告書を受け取り、首相官邸で記者会見を開きました。そのときに2枚のパネルを使って憲法解釈を変更する必要性を首相自らが説明しました。1枚のパネルの中央には子どもを抱いたお母さんの絵があります。

朝鮮半島などで戦争が起こり、米軍の輸送艦に乗った母子が日本を目指すものの、集団的自衛権行使にあたるので自衛隊の護衛艦は、この米輸送艦を守ることができないという

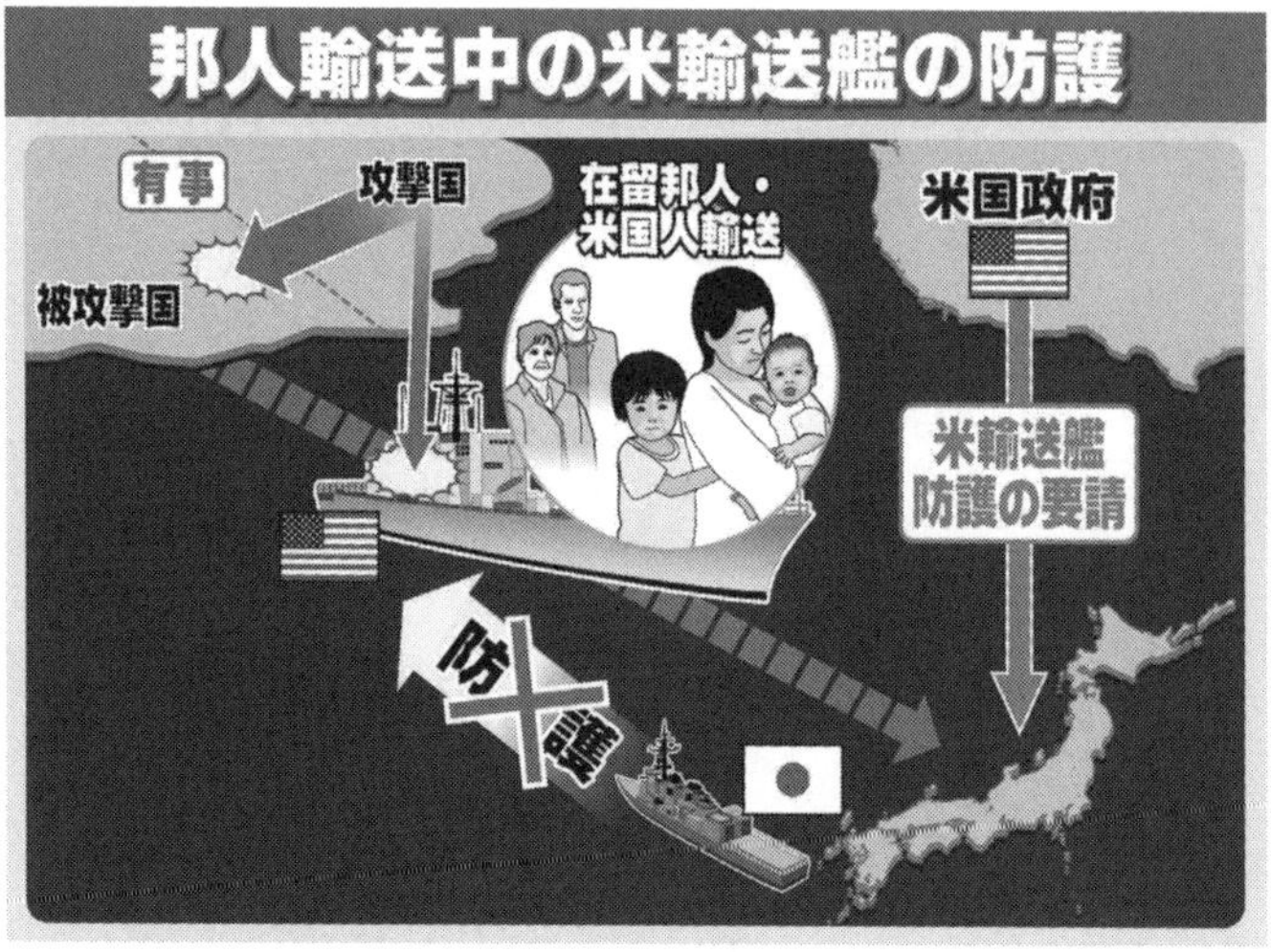

安倍首相が会見で利用したパネル（首相官邸のHPより）

意味が込められています。

安倍首相は、このパネルを指して「まさに紛争国から逃れようとしているお父さんやお母さんや、おじいさんやおばあさん、子どもたちかもしれない。彼らが乗っている米国の船を今、私たちは守ることができない」と熱弁を振るいました。

何かおかしいと思いませんか。そもそも米軍は緊急時に日本人を軍艦に乗せてくれるのでしょうか。

この発言を疑問に思った辻元清美《つじもときよみ》衆議院議員は、２０１４年10月３日の衆院予算委員会で「今までのアフガニスタン、イラクやベトナムやさまざまな戦争で、アメリカの輸送艦によって日本人が救助された、救出された案件はありますか」とただしました。

すると、岸田文雄《きしだふみお》外相は「政府としましては、お尋ねのような、過去の戦争時に米輸送艦によって邦人が輸送された事例、これはあったとは承知しておりません」と答えたのです。

過去に1回もなかったにもかかわらず、米軍による日本人輸送が常態化しているかのようなパネルをつくり、首相自ら「彼らが乗っている米国の船を今、私たちは守ることができない」と訴えるのは詐欺的だと批判されても仕方ありません。

事態が緊迫すればするほど、軍は民間人を軍の施設や軍艦、軍用機には近づけないものです。工作員が紛れ込んでいるかもしれないからです。過去に中東などで紛争が起きた際、現地の民間人は民間機や民間船舶を利用して現場を離れています。有事に軍艦に乗れば、攻撃の対象となるので、好んで軍に近づく人などいないのです。

無理筋のパネルの息の根を止めたのは当時の中谷元《なかたにげん》防衛相でした。中谷防衛相は「邦人が米艦に乗っているかどうかは（集団的自衛権行使条件の）絶対的なものではない」（15年8月26日参院特別委員会）と答弁し、結果的に安倍首相が示した想定を頭から否定してみせたのです。

それでも憲法解釈の変更を法案に落とし込んだ安全保障関連法案は、15年の通常国会で審議が始まりました。母子パネルは姿を消し、なぜか安倍首相は「ホルムズ海峡の機雷除去」を具体例として示すようになりました。

核開発を続けるイランが国連の経済制裁に反発してホルムズ海峡を機雷で封鎖すれば、石油の8割が日本に入ってこなくなり、「北海道で凍死者が続出するような事態」（高村正《こうむらまさ》彦《ひこ》自民党副総裁）となって日本の存立が脅かされるから、機雷除去のための集団的自衛権行使が必要になるという論法です。

日本が石油不足により、存立危機事態に陥るという話は本当でしょうか。

議論が交わされた当時の経済産業省資源エネルギー庁が製作したパンフレット「日本のエネルギー２０１４」によると、13年度の日本の電源を構成するエネルギー源はトップが液化天然ガス（ＬＮＧ）で43・２％、次に石炭で30・３％、そして３番目に石油・ＬＰＧが出てきて13・７％となっています。

ＬＮＧの輸入量が多い順にオーストラリア、カタール、マレーシア、ロシアのため、カタールを除けばホルムズ海峡封鎖による影響はありません。石炭はオーストラリアが圧倒的で海峡封鎖の影響はまったく受けません。

エネルギー源の13・７％に過ぎない石油・ＬＰＧの８割がストップしても、エネルギー全体の１割の窮乏でしかなく、日本の存立が脅かされる事態になるとはとうてい考えられないのです。

また日本は１９７５年に制定された石油備蓄法により、15年７月現在、国家備蓄で１１８日分、民間備蓄86日分、産油国共同備蓄２日分の合計２０６日分の石油が国内に備蓄されていました。

民間備蓄は湾岸戦争などで５回、取り崩しましたが、国家備蓄は放出例がありません。政府はどの時点で存立危機事態を認定するというのでしょうか。機雷がまかれた時点、石油備蓄量が不安になった時点、石油が高騰して経済に影響が出た時点でしょうか。

アラブ首長国連邦には日本の資金で敷いたパイプラインがアラビア海に延びており、ホルムズ海峡を通らなくても石油の積み出しができます。サウジアラビアも紅海側にある港湾を使えばよいだけの話ではないでしょうか。

それでも安倍政権は「ホルムズ海峡の機雷除去」一本槍で押し通したのです。すると仰天の出来事が起きました。

国会審議も最終盤の15年9月14日、参院特別委員会で質問に立った与党・公明党代表の山口那津男《やまぐちなつお》参院議員は「現実に、総理、自衛権を使ってこのペルシャ湾で掃海をするということは、今のイラン、中東情勢の分析からすれば、これ想定できるんでしょうか」と繰り返されてきた議論を持ち出しました。

驚くべきことに安倍首相は「今現在の国際情勢に照らせば、現実の問題として発生することを具体的に想定しているものではありません」と答弁したのです。ホルムズ海峡の封鎖は想定できないというのですから、これまでの国会論議を土壇場でひっくり返したに等しい一大事です。

安倍首相が「ホルムズ海峡の機雷除去」を事実上、撤回した理由ははっきりしています。国会で安保法制の議論が続いている最中の15年7月、イランは主要6カ国との間で核査察を認めることで合意しました。核開発に対する経済制裁が解かれて16年1月から貿易の全面解禁が決まっていたのです。

イランは人口8000万人、天然ガスの埋蔵量で世界第1位、石油の埋蔵量で世界第3位（現在は第4位）です。豊かな市場が開放される前夜というのにイランを敵視した議論を続けていては、バスに乗り遅れてしまう、そう考えたのではないでしょうか。

現に15年7月23日、ナザルアハリ駐日イラン大使は日本記者クラブの会見で「なぜイランがホルムズ海峡封鎖をたくらんでいると言われなければいけないのか」「日本は友好国ではないのか」と日本政府に怒りをぶつけ、イランとの関係が怪しくなり始めていました。

「国会も最終版だ。国会が閉じてしまう前に軌道修正しておこう」と自民、公明両党首による出来レースのようなやり取りが展開されたのだと考えられます。安保法制が成立した直後の同年10月、岸田外相はイランに渡り、ロウハニ大統領を表敬、16年2月には日・イラン投資協定を締結し、事なきを得ています。

結局、通常国会を通じて示された「ホルムズ海峡の機雷除去」は霧消し、最後に残ったのは「総合的に判断する」という政府答弁のみです。なんのことはない、どのような事態が存立危機事態に該当するのか、その判断基準は「時の政府のさじ加減次第」というわけです。

法律をつくる必要性、すなわち立法事実がないにもかかわらず、「集団的自衛権行使を解禁したいから安保法制を制定する」という安倍首相の願望によって安保法制は制定されたと考えるほかありません。

その後、首相は「憲法に書き込んでも自衛隊の役割は変わらない」「仮に国民投票で否決されても自衛隊の合憲性は変わらない」との主張を繰り返しました。そして憲法に自衛隊を書き込む憲法改正のための国民投票に持ち込もうとした手法は、安保法制をつくったときと同じ手口です。

現実的な必要性はどうあれ、「やりたいからやる」というのが安倍政権の特徴であることは黒川検事長の定年延長問題を見ても明らかです。政治のリーダーシップの意味をはき違えているとしか思えません。

安倍政権は安全保障関連法案を閣議決定するより前の15年4月27日に「日米安全保障の

ための指針」（ガイドライン）」を変更しています。米国との間で米国の戦争を支援することを先に約束してしまい、その約束を実現するべく安保法制を後付けで制定する、まさに手順が逆さまです。

この手法は米国との約束を国内向けの外圧として利用するもので、日本の独立国家としての矜持を損なわせるものといえます。

5　トランプ大統領にすり寄った安倍首相

[資料11－3]　安倍訪米の狙い

（1）改憲へ向けた米国詣で（2015年4月26日～5月3日）

①リセットしたい安倍政権へのマイナス評価

●2013年2月、初の訪米での屈辱

●靖国参拝（13年12月）などの歴史修正主義を上書き

②手土産としてのガイドライン改定、TPP支援

●改定により、地球規模で戦う米軍に自衛隊を提供（4月27日）

●TPPで米国に全面協力

※「戦後レジームの脱却」どころか「戦後レジームの固定化」

（2）トランプ米大統領と初会談（2017年2月10日）

●会談後の記者会見でトランプ氏は「両国がさらなる投資を行い、防衛力をさらに高めていくことが大切だ」と強調。

●会談5日後の同月15日、安倍首相は参院本会議で、米国から購入する兵器について「わが国の防衛に不可欠なもの。安全保障と経済は当然分けて考えるべきだが、これらは結果として米国の経済や雇用に貢献する」として米国製武器の追加購入を表明。

●同月23日、自民党政調会が「弾道ミサイル防衛に関する検討チーム」を発足させ、翌月、安倍首相に「イージス・アショアもしくは終末高高度防衛ミサイル（THAAD）の導入について検討し、早急に予算措置を行うこと」と提言。

●提言を受けて防衛省は同年5月、イージス・アショアを導入する方針を固め、8月には小野寺五典《おのでらいつのり》防衛相（当時）が訪米してマティス国防長官（同）に導入の意向を伝えた。

●同年12月19日、安倍内閣はイージス・アショアの導入を閣議決定。この閣議決定は18年12月の「防衛計画の大綱」「中期防衛力整備計画」の閣議決定に反映。

安倍首相はオバマ政権下の米国に2回訪問し、2回とも日米首脳会談を行っています。最初は2013年2月です。このときのオバマ大統領の対応はけんもほろろでした。ふつうなら首脳会談後に行う共同記者会見の場さえ用意されませんでした。オバマ大統領は安倍首相を歴史修正主義者とみなして警戒していたからです。

安倍首相は、2度目の首相に就任する直前、2012年11月4日付の米ニュージャージー州の地元紙「スターレッジャー」に従軍慰安婦に関する意見広告を掲載しています。

「女性たちが日本軍によって意に反して慰安婦にさせられたことを示す歴史的文書はない」「彼女たちは性奴隷ではなく、当時世界中のどこにでもある公娼制度の下で働いていた」として、日本政府の責任を否定したのです。

米議会下院は第1次安倍政権で安倍首相が「強制性を示す客観的な証拠はなかった」と発言した後の2007年6月、日本政府に従軍慰安婦問題について謝罪するよう求める決議を採択しています。オバマ氏が警戒したのもうなずけます。

2回目の訪米は、2015年4月26日から5月3日までの長期におよび、オバマ大統領は「国賓に準じる待遇」で安倍首相を出迎え、最初の訪米のときとは一転して大歓迎しました。

大歓迎した理由は、オバマ大統領がリーダーシップをとって進めていたTPP（環太平洋経済連携協定）に日本が積極的に参加する意思を示したからです。自民党は政権に再び返り咲いた2015年12月の衆院選挙で「ウソつかない。TPP断固反対。ブレない」という選挙ポスターまで張り出して、TPPに反対する意思を示していました。

TPPに反対したのは、農業大国である米国やオーストラリアから輸入する農作物にかけていた関税がなくなると、国内の農業を衰退させるおそれがあったからです。しかし、この公約を破り、TPP参加を訪米の手土産にしたのです。

もうひとつの手土産は、先に説明した通り、米軍支援を書き込んだ改定ガイドラインです。安倍首相の対米追従は際立ち、これにより、第1次安倍政権で安倍首相が自ら掲げた「戦後レジームの脱却」は遠ざかり、かえって「戦後レジームの固定化」が進むことになりました。

安倍首相は、トランプ大統領に対してもすり寄り、２０１６年12月、当選したばかりのトランプ氏に会うために訪米しています。

これに続く、最初のトランプ氏との日米首脳会談は２０１７年２月にワシントンで行われ、トランプ氏から「米国製武器の大量購入」を迫られると、安倍首相はこの年の12月にはイージス・アショアの導入を閣議決定しました。そして18年12月にはF35戦闘機を１０５機も「爆買い」することを閣議了解で決めています。

安全保障面、貿易面で日米関係が重要なのは言うまでもありません。しかし、安倍首相は自らの政権を延命させるという私的利益のためにＴＰＰに賛成し、ガイドラインを改定して自衛隊を米軍のために差し出すことを決め、また米国製武器の「爆買い」を進めてはいないでしょうか。

（3）２０１7年5月3日読売新聞で9条に2項新設を提言

①党内からも戸惑いや批判の声

②もはや「安倍一強」としか言いようのない強権

安倍首相は２０１７年の憲法記念日にあたる5月３日の読売新聞で憲法第9条に新たに2項を追加する案を発表しました。

これは自民党が２０１２年に発表した憲法草案とは異なる「安倍私案」ともいえます。

当然ながら自民党内からは戸惑いや批判の声が上がりました。

　しかし、その後、自民党案として検討されたのは、この安倍私案です。まさに「安倍一強」のもとでの改正案ということができます。

　しかし、２０２０年になって、明らかに首相の求心力は低下しました。首相が主催する「桜を見る会」や東京高検検事長の定年延長問題で傷口を広げ、後手に回った新型コロナ対策では「アベノマスク」の全戸配布や自宅でくつろぐ動画の投稿などが批判を浴びました。

　５月にあった世論調査で、内閣支持率は毎日新聞で27%、朝日新聞で29%と急落。さらに自らが法相に任命した河井《かわい》克行《かつゆき》衆院議員やその妻、案里《あんり》参院議員の公職選挙法違反容疑による逮捕が新たな政権批判の火種となりました。

　すると安倍首相は８月28日、突然、退陣を表明します。持病の潰瘍性大腸炎の再発が理由だそうです。この結果、９月16日に総辞職し、後任の自民党総裁に選ばれた菅義偉氏が首相に就任しました。

　仮に安倍首相が首相を続けていても、自民党総裁の任期は21年９月で終わります。このままいけば、憲法改正はおそらく不可能だったことでしょう。しかし、安保法制はすでに施行済みなので、自衛隊の海外活動が海外における武力行使を含めて、拡大したままとなるのは間違いありません。

6　集団的自衛権行使を「違憲」から「合憲」に

あらためて安保法制の中身を見ていきましょう。

その前にちょっと一息いれて、安保法制の国会審議中に自民党が作成した「教えて！　ヒゲの隊長」と、これに反対する立場から作成された作者不明の「教えてあげる　ヒゲの隊長」の動画を見てください。

「教えて！　ヒゲの隊長」

[https://www.youtube.com/watch?v=0YzSHNISs9g]

VS

【あかりちゃん】「ヒゲの隊長に教えてあげてみた」

[https://www.youtube.com/watch?v=L9WjGyo9AU8]

「教えて！　ヒゲの隊長・パート2」

[https://www.youtube.com/watch?v=CMZKitpe-nk]

VS

【あかりちゃん#2】「HIGE　MAX　あかりのデス・ロード」

[https://www.youtube.com/watch?v=WVpX-fuN98s]

［資料11－4］憲法解釈を変えた安全保障関連法

（1）集団的自衛権の行使（存立危機事態＝武力攻撃事態法、自衛隊法）

［武力行使の3要件］に合致すれば、可能

●我が国に対する武力攻撃が発生したこと、または我が国と密接な関係にある他国に対する武力攻撃が発生し、これにより我が国の存立が脅かされ、国民の生命、自由及び幸福追求の権利が根底から覆される明白な危険があること

●これを排除し、我が国の存立を全うし、国民を守るために他に適当な手段がないこと

●必要最小限度の実力行使にとどまるべきこと

［参照・「自衛権行使の3要件」※安倍政権以前の政権はすべて採用］

●我が国に対する急迫不正の侵害があること

●これを排除するために他の適当な手段がないこと

●必要最小限度の実力行使にとどまるべきこと

これまで政府は自衛隊が武力行使に踏み切ることができる条件として「自衛権行使の3要件」を示してきました。しかし、安倍政権になって「武力行使の3要件」と名称が変わり、その中身も大幅に変更されています。

最も大きな変化は、第1要件の「存立危機事態」です。「我が国に対する武力攻撃が発生したこと、または我が国と密接な関係にある他国に対する武力攻撃が発生し、これにより我が国の存立が脅かされ、国民の生命、自由及び幸福追

求の権利が根底から覆される明白な危険があること」

この「または」以降が、追加された部分で、日本が攻撃されていなくても密接な関係にある他国（例えば米国）が攻撃された場合を存立危機事態と名付けて、自衛隊が武力行使できるとしています。

つまり、時の政権が「存立危機事態」と認定すれば、自衛隊は他国を防衛するための海外の戦争に参加できるというのです。憲法9条に違反するため海外における武力行使を「できない」と言ってきた政府が「できる」と主張を180度変えたのです。

多くの憲法学者や法律家などが「違憲」と指摘するのはこの部分です。他国を守るための武力行使は外形的には集団的自衛権行使にほかなりません。日本は憲法改正を経ることなく、海外における武力行使が可能となりました。

先にも説明した通り、安保法制の施行後の今、自衛隊が海外の戦争に参加していないのは、米国が大きな戦争をしていないから、のひと言に尽きます。

（2）他国の軍隊への後方支援

①日本の平和と安全に重要な影響（重要影響事態法）

②国際の平和と安定を目的（国際平和支援法＝恒久法）（例・イラク特措法＝国連決議または関連する国連決議がある場合）

※①②でやることは同じ。世界のどこでも、どんな他国軍も後方支援可能

これまで自衛隊ができる他国軍の支援は武力行使と一体化しないことが条件でした。す

でに学習した通り、大森政輔内閣法制局長官が４つの条件を示していましたね。

これまでは食糧、燃料などの提供は可能でした。だからテロ特措法で海上自衛隊の補給艦が米軍などの他国軍の艦艇に燃料や水を提供してきたのです。

しかし、安保法制により、「弾薬の提供」や「発進準備中の航空機への燃料補給」も可能になりました。「武力行使の一体化」が強く疑われる項目です。

以前より、武器、弾薬、食糧、燃料などの戦争に必要な物資を輸送することは合憲とされていたので、安保法制により新たに実施できる「提供」（つまり相手にあげること）も加えれば、ほぼ完璧な形で他国軍の戦争を支援することが可能となったのです。

戦闘正面に立つのではなく、後方で輸送や提供をするのだから安全だとは限りません。太平洋戦争では軍に徴用され、前線へ兵員や物資を運んだ民間船舶の多くが米軍に攻撃をされ、沈没して船員の２人に１人が死亡しています。これは旧日本海軍の戦死率を上回ります。

7　「駆け付け警護」「宿営地の共同防護」を解禁

（3）ＰＫＯの拡大と国際的な平和協力活動（改正国連平和維持活動協力法＝改正ＰＫＯ法）

●「駆け付け警護」「宿営地の共同防護」が可能に。ＰＫＯでも治安維持を担当、さらに国連が統轄しない人道復興支援活動や安全確保活動［例・イラク特措法］

※海外派遣が格段に増える

●受け入れ国の同意があれば「国家に準じる組織」は登場しない（閣議決定）
※カンボジアPKOのポル・ポト派は？　イラク派遣のフセイン残党は？　南スーダンの副大統領派は？
※任務遂行のための武器使用を容認
●任務の拡大、人道復興支援、安全確保活動
※日本のPKO、世界のPKOの現実を無視！
●日本の得意分野は後方支援、安全確保は発展途上国の分野

安保法制によりPKOのあり方も変わりました。これまで実施できないとされた「駆け付け警護」や「宿営地の共同防護」が可能となり、現地の治安維持を担うことが可能になったからです。

これまで政府は「駆け付け警護」をする場合、救出する相手を攻撃している武装集団が「国もしくは国に準じる組織」であった場合、国の組織である自衛隊との撃ち合いは海外における武力行使になるとして「できない」としてきました。

しかし、14年7月1日、集団的自衛権行使を合憲とした閣議決定で、「受入れ同意をしている紛争当事者以外の『国家に準ずる組織』が敵対するものとして登場することは基本的にないと考えられる」、つまり「自衛隊の前に国に準じる組織は現れない」と閣議決定したことにより、自衛隊と撃ち合う武装集団は国でも国に準じる組織でもなく、野盗・山賊の類となりました。これにより、自衛隊が撃ち合っても「警察権の行使」となって憲法上の問題は形のうえでは解消したのです。

しかし、実際には自衛隊が最初に参加したカンボジアＰＫＯでは前カンボジア政府のポル・ポト派が自衛隊の前に脅威として現れたのですから、「国に準じる組織」が現れないというのは、安倍政権の願望でしかありません。

これまで自衛隊はＰＫＯでは道路や橋、建物の補修などの後方地域支援に徹し、治安維持の任務には就きませんでした。「駆け付け警護」ができないのだから当たり前です。その代わり、自衛隊の行う道路補修などは世界のＰＫＯ部隊のお手本となり、日本の施設学校へはベトナムやモンゴルの工兵隊が視察に来るほどになっています。今では、国連ＰＫＯの「工兵マニュアル」は陸上自衛隊が作成しています。

そうした特徴や利点に目をつぶり、今後は他国と同じような「駆け付け警護」をやれ、というのは現実を無視しています。

「宿営地の共同防護」は同じ敷地内にいる他国軍が攻撃を受けた場合、囲いが打ち破られたとすれば隊員たちの命も危険になるので、応戦してもよい、という規定です。

自分の命を守るのは自然権的権利なので、この場合、撃ち合う相手が国や国に準じる組織であっても憲法違反とはなりません。

しかし、自衛隊にはＰＫＯ参加５原則があります。撃ち合いが行われるような治安状況は５原則のうちの「停戦の合意」が破綻していることを意味します。その場合、自衛隊は相手と撃ち合うのではなく、撤収を選ぶべきではないでしょうか。

8　始まった米艦艇、米航空機の防護

（4）武力攻撃に至らない侵害（自衛隊法）
●弾道ミサイル警戒監視中や共同訓練中の米艦艇などの防護
※米軍は日本防衛のために活動しているとは限らない

【合衆国軍隊等の部隊の武器等の防護のための武器の使用】

〈自衛隊法第九十五条の二〉

自衛官は、アメリカ合衆国の軍隊その他の外国の軍隊その他これに類する組織（次項において「合衆国軍隊等」という。）の部隊であって自衛隊と連携して我が国の防衛に資する活動（共同訓練を含み、現に戦闘行為が行われている現場で行われるものを除く。）に現に従事しているものの武器等を職務上警護するに当たり、人又は武器等を防護するため必要であると認める相当の理由がある場合には、その事態に応じ合理的に必要と判断される限度で武器を使用することができる。ただし、刑法第三十六条又は第三十七条に該当する場合のほか、人に危害を与えてはならない。

2　前項の警護は、合衆国軍隊等から要請があった場合であって、防衛大臣が必要と認めるときに限り、自衛官が行うものとする。

※現場の自衛官が判断する
※他国軍の防護は「集団的自衛権の行使」と同じ。それを現場の自衛官に丸投げ（米国の場合、集団的自衛権行使を命令できるのは大統領と国防長官だけ）

政府が第2弾として安保法制の適用を命じたのは、自衛隊が米軍を護衛する「米艦艇の防護」でした。

冷戦当時、日本がソ連から侵略を受け、米国が参戦するような場合、米海軍は空母とその護衛の巡洋艦、駆逐艦からなる空母打撃群を日本周辺に派遣する計画でした。やってきた空母打撃群を護衛するのが海上自衛隊の重要な役割だったのです。

そのために海上自衛隊は、潜水艦を探知して攻撃する対潜能力を持つ哨戒機や対潜能力や防空能力を併せ持つ護衛艦を数多く揃えているのです。

しかし、平時に米艦艇が攻撃された場合、自衛隊はこの米艦艇を守ることはできません。日本有事であれば来援した米艦艇を防護することは個別的自衛権の範囲に入り、合憲との政府見解が示されていますが、有事以外で米艦艇を防護すれば憲法で禁じた集団的自衛権の行使とみなされるからです。

２００１年の米同時多発テロを受けて横須賀基地から出港した米空母「キティホーク」を守るために、防衛庁設置法の「所掌事務の遂行に必要な調査及び研究」を根拠に護衛艦を派遣して事実上護衛をしたことが、「やり過ぎだ」と自民党から批判されたこともあります。

第1回目の米艦防護は新聞報道が先行したため、新聞・テレビが取材する中で実施されました。2017年5月1日のことです。

神奈川県の横須賀基地を出港して海上自衛隊の護衛艦「いずも」は、房総半島沖で米海軍横須賀基地を出た米海軍の貨物弾薬補給艦「リチャード・E・バード」と合流し、四国沖へ向かいました。

また護衛艦「さざなみ」は2日午前、広島県の呉基地を出港して豊後水道を南下して太平洋に出た後、3日に四国沖で2隻と合流。「いずも」「さざなみ[*8]」は米補給艦を護衛しながら航行したのです。

この間、護衛艦の艦載ヘリコプターを補給艦に着艦させ、護衛艦が補給艦から燃料の補給を受ける手順を確認するなどの訓練を実施したとされています。

安保法制のひとつである改正自衛隊法95条の2は（米軍等の部隊の武器等防護）をさだめています。ただし、条件があって防護する相手が「わが国の防衛に資する活動」、つまり日本防衛をしていなければなりません。

ただ、並んで走っているだけでは日本防衛をしていることにはならないので、ヘリの発着や洋上補給などの共同訓練を実施したのです。逆にいえば、米艦防護をするためには共同訓練の形式を整えさえすれば、可能ということです。

この米軍防護を可能にした自衛隊法第95条の2は主語が「自衛官」となっています。条文を要約すると「自衛官は米軍など他国軍の武器を守るために武器使用できる」となります。95条の2の2で「米国などからの要請があり、防衛相が認めるときに限り」との条件

＊8　海上自衛隊のたかなみ型護衛艦の4番艦。

付きですが、シビリアン・コントロールの体裁をとりつつも、最終的な武器使用の判断は自衛官に任せています。

ここに問題があります。

護衛艦の艦長は2佐[*9]から1佐[*10]の幹部とはいえ、制服組であることに変わりありません。防護すべき米艦艇が攻撃を受けた場合、自衛隊が反撃すれば、外形的には集団的自衛権の行使とみなされても仕方ありません。

ひとりの自衛官の判断で日本は米国と他国との間の戦争に巻き込まれる可能性があるのです。

米国の場合、集団的自衛権行使を命じることができるのは大統領と国防長官の2人だけと限定しています。軍隊を持ち、世界各地で戦争をしてきた米国と比べ、軍隊を保有せず、戦争もしてこなかった日本の方が武力行使のハードルが低いという倒錯した事態を招いているのです。

2018年1月22日、安倍首相は通常国会初日の施政方針演説で「北朝鮮情勢が緊迫する中、自衛隊は初めて米艦艇と航空機の防護の任務に当たりました」と米軍防護を初めて公表しました。

ここで初めて国民は、米軍防護が実施されたことを知るのですが、前述の通り、新聞・テレビの報道により、2017年5月に護衛艦が米補給艦を防護した事実は周知の事実となっていました。首相は「航空機の防護」も挙げていますが、こちらは初耳です。

そもそも米艦艇や米航空機の防護を実施した事実があるのに、なぜ政府は公表しないのでしょうか。

＊9　自衛隊幹部の階級。幹部にあたる将官、佐官、尉官のうち、佐官で上から2番目。

＊10　自衛隊幹部の階級。幹部にあたる将官、佐官、尉官のうち、佐官で上から1番目。

「自衛隊法95条の2の運用に関する指針」の中に「防衛相は、毎年、前年に実施した警護の結果について、国家安全保障会議に報告する」とあります。

ある年の1月から12月までに実施した米軍防護は翌年になって国家安全保障会議に報告されるので、公表は当然、「国家安全保障会議に報告した後」となります。仮に報告が翌年2月なら前年1月に行った米軍防護は1年以上もたって、私たちは初めて知ることになります。

実際の運用をみると、2017年中に行った米軍防護は2018年2月5日の国家安全保障会議に報告されました。同日、防衛省で記者クラブに「お知らせ」と書かれた1枚紙が配布されました。

米艦艇、米航空機の防護は「共同訓練」のそれぞれ「1件」とあるだけです。いつ、どこで、どのように行われたのかなどは書いてありません。問い合わせても、担当者は「答えられない」の一点張りでした。

前記の「指針」は「情報の公開」についての項目で「適切に情報の公開を図る」とありますが、「適切に……図る」では抽象的過ぎてとても情報公開基準と呼べるものではありません。さらに「特異な事象が発生した場合には、速やかに公開すること」とありますが、何か起きなければ、米軍防護は公表する必要さえないことになります。

米補給艦の防護はたまたま報道機関が取材したのである程度の中身がわかりました。しかし、米航空機の防護については今もって不明のままです。

米軍防護のような重要な案件は、国家安全保障会議の常任メンバーである首相、官房長官、外務相、防衛相の4人は実施する前から知っていて当然です。それを前年に実施した分を翌年になるまで待って、あらためて報告させるなどと時間をおく理由は何でしょうか。国家安全保障会議で得た結論の多くは「特定秘密」です。国家安全保障会議というフィルターを通して、実施した米軍防護を「特定秘密」に指定することで国民に公表しないよう「工作」することが目的の時間稼ぎとしか考えられません。

そうだとすれば、米軍防護中に起きた「特異な事象」だって、本当に公表するのか怪しいものです。「特異な事象」か判断するのは、おそらく最終的には首相なので、首相が不都合と判断した場合には非公表となるのではないでしょうか。

そもそも「指針」をさだめたのは国家安全保障会議です。自分たちに知らせるルールを自分たちで決める。これを自作自演といいます。権力を握る者が、その権力ゆえに入手できる情報を独り占めにしているのです。

「由らしむべし、知らしむべからず」。これは『論語』[*11]の中の言葉ですが、「為政者は民を従わせればよいのだ、道理をわからせる必要などないのだ」という意味です。こんなふうに言い表される封建時代の為政者の姿と安倍政権は変わりないではありませんか。

民主主義は「知る権利」が保障されていなければ成り立ちません。その意味では日本は民主国家からどんどん離れていると言わざるを得ません。

2019年2月28日、防衛省は2018年中に実施した米軍防護を「お知らせ」の1枚紙で公表しました。安保法制の施行から2回目の米軍防護の「まとめ」です。

米艦防護が6件、米航空機防護が10件で合計16件とあり、前年の2件から8倍に増えています。うち共同訓練が13件ありましたが、「弾道ミサイルの警戒を含む情報収集・警戒

＊11　中国の春秋時代の思想家、孔子と高弟の対話を孔子の死後、弟子たちが記録した書物。

監視活動」をする米艦艇防護も3件ありました。

２０１７年は北朝鮮が6回目の核実験を実施したほか、弾道ミサイルの試射を繰り返したので米軍の活動が活発でした。しかし、２０１８年は南北首脳会談、米朝首脳会談が開かれ、北朝鮮は核・ミサイル実験の中断を約束、米国も韓国との間の大規模な共同演習を中止しています。

それなのに米軍防護は前年の8倍です。日米一体化が進んだからなのか、米軍が北朝鮮の動向を探る活動を増やしたからなのか。また２０１９年は14件でした。

防衛省は、いつ、どこで、どのように実施したのか一切の説明をしません。集団的自衛権行使につながりかねない重大な自衛隊の活動は、闇の向こうに沈んでいます。

（5）その他

①船舶検査活動[*12]、周辺事態以外でも強制検査

②在外邦人の救出、武器使用を伴う

③他国軍への物品・役務の提供、とめどない軍隊化

（6）国会承認は「原則事前」

※派遣内容は特定秘密とされ、「事後」では意味不明になりかねない

※法制化により、憲法改正なしに自衛隊は事実上の軍隊に限りなく近づく

これまでの自衛隊海外派遣は事前の国会承認が不可欠でした。しかし、安保法制により、

＊12　周辺事態に際し、日本の領海または周辺の公海で、国連安保理の決議に基づき、船が帰属する旗国の同意を得て、船舶の積荷や目的地を検査し、確認する活動。必要に応じ船舶の航路や目的地の変更を要請する。

原則事前となり、場合によっては派遣後の事後承認でも構わないことになっています。これではシビリアン・コントロールの原則に反します。

［資料11－5］安保法施行で自衛隊に起きたこと

（1）南スーダン国連平和維持活動（PKO）の変化

①「駆け付け警護」

②「宿営地の共同防護」

※治安悪化により、日本人70人のうち大使館員など20人弱を残し脱出。

※「駆け付け警護」の可能性は限りなく小さい

※蓋然性が高いのは治安情勢の極端な悪化による「宿営地の共同防護」。他国軍防衛のための武器使用＝集団的自衛権の行使に限りなく近い武力行使

③「日報」問題が浮上。2017年3月10日突然の撤収命令

南スーダンPKOの幕引きは突然でした。

2017年3月10日、ジュバの宿営地でPKOに参加している陸上自衛隊施設部隊の隊員が整列する前で日本から突然やってきた柴山昌彦《しばやままさひこ》首相補佐官が活動の終了を告げたのです。

施設部隊は海外派遣の司令部にあたる陸上自衛隊中央即応集団[*13]（当時、現在は廃止）と毎日、連絡をとっていました。第11次施設隊を率いた田中仁朗《たなかよしろう》1佐は帰国後、筆者の取材に「日本から『撤収を決めた』との情報はありませんでした。補佐官から訓示をもらって

＊13　有事に迅速に対処する部隊として機動運用部隊（第1空挺団・第1ヘリコプター団）や専門部隊（特殊作戦群・中央特殊武器防護隊など）を一元的に管理・運用する目的と、海外活動に関する研究および教育訓練（国際活動教育隊・国際平和協力活動等派遣部隊）および指揮を行う目的で2007年3月に新設された。2018年3月、陸上総隊の新設により、廃止された。

初めて撤収を知ったのです」と唐突な幕引きだったことを明かしました。

撤収は前日の国家安全保障会議で決まりました。突然の決定だったことは陸上自衛隊が次の派遣部隊を選び、訓練を始めていたことからもわかります。

柴山氏は私と都内で会った際、「撤収はごく一部で考えた。安倍首相は『撤収と聞いてキール大統領が怒り出さないだろうか』と心配していた」と話し、極秘の撤収計画だったことを認めています。

PKO派遣の場合、持ち込んだブルドーザーやショベルローダーなどを寄付して、自衛隊撤収後も地元民だけで道路補修などができるようオペレーターを養成してから帰国します。半年から1年も前に帰国の日程が決まり、その日程に合わせて地元の人々の教育が始まるのです。

南スーダンPKOは急に政府が撤収を決めたので何の準備もできず、重機類はUNMISSに寄付するだけで終わりました。なぜ、急な幕引きだったのでしょうか。

このころ日本では南スーダンPKOに派遣された部隊の「日報」問題が騒ぎになっていました。廃棄したとされる施設部隊の日報が保管されていた事実が判明、野党は「隠ぺい工作だ」と鋭く追及しました。稲田朋美氏が日報にあった「戦闘」を「衝突」と言い換えたことも問題視されていました。

安倍首相は自衛隊に死傷者が出た場合、「首相を辞任する覚悟はあるか」と野党に詰め寄られ、「もとより、そういう覚悟を持たなければいけない」と述べました。隊員に死傷者が出たとすれば、首相は辞めると自ら宣言したのに等しいのです。

続いて浮上したのが森友学園問題です。国有地を大幅に値引きして森友学園側に払い下げた背景に安倍首相の妻、昭恵氏の関与があったのではないかと疑われました。安倍首相は国会で追及され「私や昭恵が関わっているとわかったならば、総理大臣はもちろん国会議員もやめる」と断言したのです。

これで安倍首相が首相を辞める要件が２つ揃ったことになります。森友問題は過去に起きた問題ですから、今さらどうしようもありません。国会で答弁に立った官僚がウソをついたり、証拠となる公文書を隠したり、改ざんしたりすることしかできず、実際に官僚たちは安倍首相の立場を忖度してそんな不正を働きました。

しかし、南スーダンＰＫＯで発生するかもしれない死傷者は未来の問題です。撤収すれば、不安はたちまち解消します。実際に撤収表明により、野党の追及は終息へと向かいました。安倍政権の不安材料のひとつが消えたも同然でした。

現地の状況はどうだったのでしょうか。

「11月中旬に派遣されたころは毎晩、銃声が響いていました。12月下旬になり、南スーダン政府が治安維持に本腰を入れると銃声はほとんど聞こえなくなった」と田中1佐。治安は劇的に改善され、第11次隊は年明けから活動を本格化させていました。

補修した道路は約１０８キロメートルと第10次隊までの平均15キロメートル弱と比べて最も長く、安全に活動できたことを裏付けています。孤児院の慰問や空手大会の支援など地元との交流もありました。こうした活動のすべてを断ち切るように撤収命令が出されたのです。

日本政府の判断は正しかったといえるでしょうか。

撤収命令を出すならば、ジュバの宿営地で自衛隊の頭越しに銃撃戦があった２０１６年7月に出すべきでした。しかし、このとき安倍政権は動きませんでした。次に「駆け付け警護」を命じ、安保法制が初適用されたという既成事実化を図ったのちに撤収命令を出したのです。

そこに隊員の安全を第一に考えるという自衛隊最高指揮官（＝首相）としての責任感はうかがえません。治安が回復したのだから活動を継続させようという国際貢献の視点もありません。

自衛隊は安倍首相が首相としての立場を維持するために「私兵」のように扱われたのではないでしょうか。

（2）米国からの支援要請

①北朝鮮対策としての……

※米艦艇防護、米航空機の防護、米艦艇への洋上補給

1月22日の施政方針演説：安倍首相「北朝鮮情勢が緊迫する中、自衛隊は初めて米艦艇と航空機の防護の任務に当たりました」と米軍防護を初めて公表

中身は1年分の活動を国家安全保障会議（ＮＳＣ）への報告後。国民への公表はさらにその後なので1年以上も前に行った米軍防護を知る結果に

●２０１７年5月護衛艦「いずも」が米輸送艦を防護（たまたま判明）など2件

●２０１８年は16件（詳細は不明）

●２０１９年は14件（同前）

米軍防護については先に詳しく説明した通りです。

（３）「インド太平洋構想」による自衛隊のインド洋、南シナ海派遣

①２０１７年７月、米印共同訓練「マラバール」に護衛艦「いずも」派遣

②２０１８年８月～10月「平成30年度インド太平洋方面派遣訓練部隊」（「かが」など３隻）

③２０１９年４月～７月「平成31年度インド太平洋方面派遣訓練部隊」（「いずも」など２隻）

④２０２０年９月～10月「令和２年度インド太平洋方面派遣訓練部隊」（「かが」など２隻）

※中国の「一帯一路」に対抗する安全保障構想。日米豪印などで中国封じ込め

9　中国の「一帯一路」vs 日米の「インド太平洋」

２０１８年はトランプ大統領が不公正な貿易を理由に中国に対して巨額の関税を課し、中国が対抗して米国からの輸入品に関税を上乗せして、米国と中国との関係がみるみるうちに悪化しました。それは貿易摩擦にとどまりませんでした。

２０１８年10月４日、ペンス副大統領が、40分にわたり、中国を鋭く批判する演説をしました。

ペンス氏は演説の中で「米国は中国の友であろうとし、改革・開放政策の後押しをして経済発展と自由民主主義への移行を期待してきた。中国の国内総生産は9倍となったにもかかわらず、中国政府は強権的体質を強めている」と述べて、米国の対中国政策を「失敗」と位置づけました。

続けてこう述べました。

「海外企業への知的所有権供与の圧力、『中国製造2025』[*14]計画で示された先端的製造業を独占する意志、機密情報の窃取と軍備強化、国内の宗教諸派の弾圧、インフラ構築支援に名を借りた途上国での影響力拡大、ひいては米国内政に干渉し、反トランプ政権支援にまで手を染めている」

「もはや世界経済への参入を通じて中国を西側の価値観に同調させる『関与』政策の失敗は明らかで、トランプ政権が昨年末の『国家安全保障戦略』で示したように大国間競争を前提とした政策を採用する」

ペンス氏の批判は貿易問題に限らず、中国の外交、軍事、内政にまでおよんでいます。政治経験がないまま大統領になったトランプ氏と違って、ペンス氏は共和党の有力支持母体であるキリスト教保守派を代表する経験豊かな政治家です。

その彼が思い切った中国批判を展開したのは、米国では共和党、民主党の党派を超えて米国指導層の中で中国に対する警戒感が高まっていることが背景にあります。

互いに没交渉だった冷戦時代の米国とソ連との冷えきった関係とまではいかないまでも、

＊14　２０１５年5月に発表した中国の習近平指導部が掲げる産業政策。次世代情報技術や新エネルギー車など10の重点分野と23の品目を設定し、製造業の高度化を目指す。建国１００年を迎える49年に「世界の製造強国の先頭グループ入り」を目指す長期戦略の根幹。

米国と中国の対立は「第2の冷戦」とまで呼ばれつつあり、両国関係の動向に世界が注目せざるを得ない状況となっています。

こうした状況下で、海上自衛隊は「平成30年度インド太平洋方面派遣訓練部隊」を編成し、空母型護衛艦「かが」、汎用護衛艦「いなづま」「すずつき」の3隻と隊員約８００人を8月26日から10月30日まで2カ月以上にわたり、インド、インドネシア、シンガポール、スリランカ、フィリピンの5カ国訪問に派遣しました。

もちろん単なる親善訪問ではありません。

3隻の護衛艦は、後から追いついてきた潜水艦「くろしお」とともに9月13日、南シナ海で対潜水艦戦の訓練を行いました。

自衛隊による警戒・監視は、尖閣諸島を含む東シナ海まで。南シナ海は日本の平和と安全に関係がないから、ふだんは警戒・監視の対象外となっています。米軍訓練も海上自衛隊の場合は四国沖など日本近海で行っています。日米共同訓練は、米軍への広大な提供水域がある沖縄の近くで実施することがありますが、少なくとも自衛隊単独の訓練で南シナ海へ行くことはありません。

南シナ海は南沙諸島、西沙諸島の環礁を埋め立てて軍事基地化を進める中国に対して、アメリカが駆逐艦などを派遣する「航行の自由作戦」が続いています。２０１８年8月には、イギリスも初めて揚陸艦を西沙諸島に派遣し、この作戦への参加を表明しました。

日本は参加していませんが、米英が「航行空の自由作戦」を進める南シナ海に自衛隊が進出し、軍事訓練まで行えば、中国はどう受けとめるでしょうか。

海上自衛隊は、中国海軍の弱点のひとつは対潜水艦戦にあるとみています。護衛艦3隻と「くろしお」による対潜訓練の4日後、海上自衛隊はこの訓練実施を公表しました。隠密行動が任務となっている潜水艦の訓練を公表するのは異例です。

すると同日、中国外務省の耿爽《コウソウ》報道官は記者会見で、「現在、南シナ海の情勢は安定に向かっている。域外の関係国は慎重に行動し、地域の平和と安定を損なわないよう求める」と述べたのです。

日本の国名を挙げずに「域外国」とし、また「求める」と控え目な批判にとどまっています。これにより、海上自衛隊は「中国海軍が潜水艦に気づかなかったのではないか」と考えるようになりました。南シナ海での訓練実施を探知していれば、訓練があった日のうちに見解を表明していてもおかしくないからです。

海の支配権をめぐり、中世の大航海時代のころから、スペイン、英国などが覇を競ってきました。冷戦後、世界の海を事実上、支配してきたのは米国です。

核保有国間では、核ミサイルを搭載できる潜水艦の動きを探ることが不可欠となっています。潜水艦は海の中に潜むので、姿が見えません。米国はそんな潜水艦の追尾を得意としています。

冷戦時代、ソ連を悩ませたのが、米国の原子力潜水艦でした。オホーツク海にあるウラジオストクやペトロパブロフスクといったソ連の潜水艦基地の海底近くに米国軍の原潜が潜んでいて、ソ連の原潜が出港すると、海に潜ったたままずっと付いていったのです。

捕捉された潜水艦は自由な行動ができません。ソ連は米国の手のひらの上で転がされていたも同然でした。

米国は中国の原潜に対して同様の追尾を繰り返しています。

２００４年11月10日、石垣島と多良間島の間の日本の領海を潜水したまま通過して、国連海洋法条約に違反した中国の漢《ハン》級原子力潜水艦は、青島《チンタオ》の潜水艦基地を出港したときから米海軍のロサンゼルス級原子力潜水艦によって１カ月にわたり追尾されていました。

それほど、米国は中国の潜水艦監視を徹底して行っています。そこに海上自衛隊による南シナ海での自衛隊艦艇による単独訓練です。ふだんは進出することのない海域に潜水艦が派遣されたことで、米国の監視網に日本も加わる可能性があることを示しました。

日本が南シナ海での活動を活発化させたとすれば、中国が唯々諾々と受け入れるでしょうか。尖閣諸島の近海へ中国公船や漁船を大量に投入する、日本近海に軍艦をひんぱんに派遣するなどの報復行動に出る可能性があり、日中関係の悪化を招くことは火を見るより明らかです。

では、なぜ海上自衛隊が南シナ海に進出してまで訓練をしたのでしょうか。

２０１６年８月、安保法制が施行された４カ月後、安倍首相はケニアで初めて開いたアフリカ開発会議[*15]（Tokyo International Conference on African Development＝ＴＩＣＡＤ）に出席しました。

ＴＩＣＡＤは日本政府が主催する国際会議で、この会合を通じて、アフリカ諸国への日本からの支援策が打ち出されています。１９９３年から始まり、５年おきの開催でしたが、

＊15　日本が主催する、アフリカの開発をテーマとする国際会議。１９９３年以降、日本政府が主導し、国連、国連開発計画（ＵＮＤＰ）、アフリカ連合委員会（ＡＵＣ）および世界銀行と共同で開催している。

第2次安倍政権になって以降の5年間で3回開催されています。

アフリカには50カ国を超える国々があり、国連の安全保障常任理事国入りを目指す日本政府には、安保理改革が実行され、常任理事国が投票で決まる際には、1票を入れてもらいたいという思惑があります。

安倍首相はTICADで、3兆円の支援を表明しましたが、中国はTICADに対抗して「中国アフリカ協力フォーラム[*16]（Forum on China-Africa Cooperation＝FOCAC）」を主催し、習近平国家主席は日本の2倍以上の6兆6000億円の支援を表明し、日本の支援を霞ませています。

2016年8月のTICADで、安倍首相は「自由で開かれたインド太平洋戦略」を打ち出しました。「インド洋と太平洋でつないだ地域全体の経済成長をめざす」という構想ですが、安全保障面での協力も狙いのひとつです。

この翌年の2017年、海上自衛隊はインドで行われたインド海軍と米海軍による米印の共同訓練「マラバール」に初めて参加し、毎回参加することを表明。「マラバール」は日米印3カ国による共同訓練に変化したのです。

3カ国共同訓練となって最初の「マラバール2017」は17年7月、インド南部チェンナイ沖で行われました。一方、中国の習近平国家主席が提唱した経済・外交圏構想「一帯一路」のうち、洋上の「一路」の途上にあるのがチェンナイ沖です。

米海軍、インド海軍とも空母を参加させており、中国側が「脅威」と受けとめる空母打撃群を構成する必要から、海上自衛隊は空母タイプの護衛艦「いずも」を参加させ、中国の潜水艦を想定した対潜水艦戦などを行ったのです。法の支配に基づく海洋の自由を訴え、

＊16　中国が主催する、アフリカの開発をテーマとする国際会議。3年に1回開催し、中国とアフリカ諸国間の外交・貿易・安全保障・投資関係を促進するメカニズムとなっている。

南シナ海で軍事拠点化を進める中国を牽制したのです。

また同年11月、タイであったＡＳＥＡＮ創立50周年記念国際観艦式に護衛艦「おおなみ」[*17]を1カ月にわたり派遣しました。

このように２０１７年は、インド太平洋で日本の存在感を示すイベントが２つありましたが、２０１８年は何もありません。そこで前記の通り、「平成30年度インド太平洋方面派遣訓練部隊」が編成され、南シナ海で中国海軍を牽制したのです。


そして２０１９年度です。マラバールはグアムで予定され、国際観艦式もありません。すると海上自衛隊は19年4月、前年に続き、「平成31年度インド太平洋方面派遣訓練部隊」を編成、「いずも」と汎用護衛艦「むらさめ」を南シナ海へ派遣しました。そして5月には、米海軍、インド海軍、フィリピン海軍との間で、その後には米海軍、フランス海軍、オーストラリア海軍との間で計2回の４カ国共同訓練を実施しました。

表向き、海上自衛隊は「シンガポールで開催された拡大ＡＳＥＡＮ国防相会議（ＡＤＭＭプラス）とともに実施された多国間訓練に合わせて、これに参加する艦艇が集まり、実施したもの」と説明しましたが、「多国間で連携して中国を封じ込める」という本音まで公表するはずがありません。

「いずも」「むらさめ」[*18]に汎用護衛艦「あけぼの」[*19]を加えた3隻は6月10日から12日まで南シナ海で、米海軍の空母「ロナルド・レーガン」を中心とする空母部隊との共同訓練を実施しています。これにより、海上自衛隊は3度、南シナ海で本格的な戦闘訓練を実施したことになりました。

＊17　海上自衛隊のたかなみ型護衛艦の２番艦。
＊18　海上自衛隊のむらさめ型護衛艦の1番艦。
＊19　海上自衛隊のむらさめ型護衛艦の８番艦。

こうした動きに対し、中国は19年7月、南沙諸島の人工島から対艦弾道ミサイルの発射訓練を実施しました。「航行の自由作戦」を実施している米国への威嚇とみられましたが、南シナ海に恒常的に艦艇を派遣するようになった日本も無関係ではいられません。

米中対立の当事者となった以上、中国の刃は日本にも向けられていると考えなければなりません。

コロナ禍が広がった2020年、いち早くコロナ禍から立ち上がった中国海軍は空母「遼寧」を台湾海峡に指し向けるなど健在ぶりを誇示しました。すると米国は海軍の空母「ロナルド・レーガン」「ニミッツ」の2隻による共同訓練を2回実施しました。これに対抗するように中国軍は翌8月DF21DとDF26Bという弾道ミサイル4発を南シナ海に発射して米軍を威嚇したのです。まさに戦後最悪の米中関係といえるでしょう。

海上自衛隊の活動は、安保法制とは一見、無関係にみえます。しかし、ガイドラインにより世界規模で米軍への支援を約束し、その対米支援は安保法制の施行により、法的根拠が与えられています。

安保法制が施行されていなければ、ここまで思い切った米国寄りの活動はできなかったのではないでしょうか。

（4）「多国籍軍監視団（MFO）」への自衛官派遣

2019年4月、エジプトのシナイ半島でイスラエル、エジプト両国軍の停戦監視活動を行う「多国籍軍監視団（MFO）」に、司令部要員として陸上自衛隊の幹部2人を派遣。

※安全保障関連法の「国際連携平和安全活動」が根拠。国連平和維持活動（ＰＫＯ）から踏み込み、多国籍軍への参加が可能に

南スーダンＰＫＯからの撤収を受けて防衛省は、世界14カ国・地域で実施されているＰＫＯへの参加をあらためて模索しました。治安が安定したＰＫＯは古参の国々が席を譲ろうとはせず、アフリカで展開中の7つのＰＫＯは、いずれも危険な活動となるのは明らかで、結局、自衛隊が参加できるＰＫＯはひとつもありませんでした。

そこで安全保障関連法で追加された「国際連携平和安全活動」への参加が浮上しました。すなわち、多国籍軍への参加です。

安倍政権は19年4月、エジプトのシナイ半島でイスラエル、エジプト両国軍の紛争を予防するための停戦監視活動を行う「多国籍軍監視団（ＭＦＯ）」に、司令部要員として陸上自衛隊の幹部2人を派遣する実施計画を閣議決定しました。2人はイスラエル、エジプト両軍との間で連絡調整などの活動をしています。

ＭＦＯは、１９７９年、米国が主導した和平条約に基づいて創設されました。シナイ半島におけるイスラエル軍とエジプト軍の動きを監視するため、12カ国から約１２００人の兵士が派遣されています。主力は米軍でしたが、トランプ米大統領の意向で撤収が決まり、米軍と入れ替わるようにして自衛隊が派遣されたのです。

ＭＦＯの活動は11年、エジプトで起きた民主化運動「アラブの春」以降、過激派組織がテロを繰り返すようになったのを受けて大きく変化しています。イスラエル軍とエジプト

軍は衝突するどころか、「広範囲に協力」（エジプト・シシ大統領）して掃討作戦を展開しているほどです。

停戦監視の任務が過激派対処に変化したのだとすれば、「エジプトとイスラエルの停戦監視活動に貢献する」（菅官房長官）との説明は筋が通りません。シナイ半島はテロ攻撃が続いており、日本政府は「緊張感をもって注視している」（内閣府国際平和協力本部事務局）というほど危険な活動となっています。

中立性・公平性を重視する国連が統括していない活動であることも不安材料のひとつです。当時、岩屋《いわや》毅《たけし》防衛相は国会で、MFOはローマに本部があることから国際機関に該当すると説明しました。しかし、MFOが国際機関にあたるというなら、類似の多国籍軍はいくつもあり、自衛隊はあらゆる多国籍軍に参加できることになります。

このように安全保障関連法は「積極的平和主義」という安倍政権の看板政策を実現するための便利な道具としても使われています。

10 限りなく下がる武力行使のハードル

［資料11－6］将来起こり得る事態

①米軍が地上軍を派遣して戦争に突入する際、自衛隊の派遣を要請

※後方支援の自衛隊はジュネーブ条約が適用除外（拘束後、他国の刑法で裁かれる）

※武器使用により、殺人、傷害致死を起こす（日本の国内法で裁かれる）

②北朝鮮の核・ミサイル問題
※米国による北朝鮮攻撃も。「存立危機事態」の認定により、自衛隊を朝鮮半島へ派遣。
日本列島全土を活用した官民挙げての対米支援
※北朝鮮の弾道ミサイルをすべて防ぐことは不可能。原発はどうなる
（ただし、南北首脳会談、米朝首脳会談により、緊張緩和の流れも）

（5）防衛費の増加、自衛隊の増強
①18大綱で専守防衛の原則が崩れ、自衛隊は肥大化へ
●18大綱で「いずも」型を改修して空母への長射程ミサイルの導入により、「敵基地攻撃」が可能に。
●防衛費は11年連続減少していたが、第2次安倍政権が7年連続で増加させた。この路線に安保法とトランプ政権への配慮が上乗せされ、さらなる防衛費の増加へ。（自民党国防部会は防衛費のGDP2%を主張）
②海外における武力行使とあいまって周辺国に日本への警戒感が生まれるとすれば、東アジアで日本を起点とする軍拡競争の時代へ
※「日本を取り巻く安全保障環境の悪化」。安倍首相の主張が本物に

安保法制は施行されたものの、米国が海外で大きな戦争をしていないことにより、日本が集団的自衛権を行使して自衛隊が海外で武力行使する事態には至っておらず、米軍の後

方支援として弾薬、燃料、食糧などを提供する事態にもなっていません。

米国では2020年11月に大統領選挙がありましたが、同年6月に出版されたトランプ大統領の側近だったボルトン元大統領補佐官の著書『The Room Where It Happened（英語版）』によると、トランプ氏は政策よりも「再選第一」で何事にもあたってきたことを暴露しています。

ボルトン氏は朝日新聞のインタビューに答え、「トランプ氏の第2期に何が起こるか懸念している。『次の選挙で勝たなければいけない』という抑制から解き放たれるからです」（2020年7月2日／朝日新聞）と話しています。

イランとの6カ国合意から一方的に離脱し、コロナ禍に苦しむイランに対しても経済制裁を緩めようとしないトランプ氏。仮に彼が再選された場合、イランに対して武力行使に踏み切らないと誰が断言できるでしょうか。

日本は伝統的にイランとの友好関係を維持してきましたが、米国とイランとの戦争が始まったとすれば、より密接な関係にある米国側に付いて、米軍の支援をするのではないでしょうか。

いきなり武力行使はハードルが高いので、テロ特措法やイラク特措法で実施してきた米軍への補給や輸送といった後方支援にとどまりそうです。

ただ、後方支援だけを行った場合、別の問題が生じます。

当時の岸田文雄外相は2015年7月1日の衆院平和安全法制特別委員会で、海外で外国軍を後方支援する自衛隊員が拘束されたケースについて、「後方支援は武力行使にあたらない範囲で行われる。自衛隊員は紛争当事国の戦闘員ではないので、ジュネーブ条約上[*20]

＊20　1949年に締結された4つの条約。①戦地にある軍隊の傷者等の改善に関する条約、②海上にある軍隊の傷者等の改善に関する条約、③捕虜の待遇に関する条約、④戦時における文民の保護に関する条約。1977年、この4条約を補完する2つの議定書が結ばれた。

の『捕虜』となることはない」と述べ、抑留国に対し捕虜の人道的待遇を義務付けた同条約は適用されないとの見解を示しています。

　つまり自衛隊はイランの国内法によって裁かれるおそれがあるということです。また派遣された隊員が現地で民間人を殺害した場合、日本の国内法が適用され、殺人罪や障害致死罪などに問われる可能性もあります。

　米国ではバイデン大統領の誕生により、一国主義に走ったトランプ路線が見直されています。イランとの間の核合意に復帰する道が探られれば、米国とイランとの間の緊張が緩和するかもしれません。

　2回目の米朝首脳会談後、膠着状態となっている米国と北朝鮮との関係も宿題のひとつです。米国は金正恩朝鮮労働党総書記が核実験やミサイル発射を繰り返した場合、自国への脅威とみなして自衛の名目で戦争に踏み切ることはないでしょうか。

　朝鮮半島で戦火が切って落とされた場合、日本にとっては対岸の火事ではいられません。安保法制に基づく、重要影響事態が宣言され、間もなく存立危機事態に切り替わり、そう時間を置かずに武力攻撃対処事態[*21]となって本格的な戦争になることになるでしょう。安保法制は、他国の戦争を自国の戦争につなげる危険な水先案内人といえそうです。

　7年連続して増えた防衛費はその金額の多いことだけでなく、攻撃的兵器とされる護衛艦「いずも」の空母化や長射程のスタンド・オフ・ミサイルなどの保有が問題です。イージス・アショアの導入断念と引き換えに自民党を中心に「敵基地攻撃」の議論が本格化しました。そうなれば、中国、韓国、ロシアまでもが日本の意図を疑い、軍拡に踏み

＊21　日本が他国から攻撃される事態、つまり日本有事のこと。政府は「着上陸侵攻」「弾道ミサイル攻撃」「ゲリラ・特殊部隊による攻撃」「航空攻撃」の4例を挙げている。

切ることにより、地域の不安定化が進むことになります。

安保法制の国会審議の当時、安倍首相が盛んに繰り返した「日本を取り巻く安全保障環境が悪化している」との言葉は、自らが安全保障環境悪化の原因となることで完結するようでは本末転倒ではないでしょうか。

安保法制は、外交努力に汗をかくという平和国家らしい日本の姿を一変させ、日本を戦争に巻き込むおそれのある悪法といえます。これまで勉強してきた通り、日本の安全は軍事一辺倒で守ることはできません。外交、政治、経済、文化、人的交流などが複合的に組み合わされ、初めて実現するのです。

おわりに

わたしが教えている法政大学、獨協大学とも、2020年の春学期、秋学期ともオンライン授業となりました。この本のもとになった法政大学の政治学特殊講義「安全保障概論」は本来、口頭で説明する内容をすべて手書きにして大学のポータルサイトに掲載しました。獨協大学の授業は「新聞を読む」です。自宅のパソコンの前に座り、Zoomを使って本来なら新聞を活用して行う授業を録画し、You Tubeで学生に限定公開しました。

ふだんの授業なら、どちらの授業も終了後に何人かの学生が教壇に寄ってきて、質問したり、雑談したりします。そうしたやり取りを通じて、学生とのつながりができるのは楽しみのひとつでした。

私が採用した方式のオンライン授業は一方的な情報提供しかできず、たまに学生からの質問がメールであるだけです。メールで学生の名前はわかりますが、顔はわかりません。わたしが物足りなさを感じるのですから、すべての授業がオンラインになり、キャンパスに立ち入ることができない学生の虚しさは、いかほどのものでしょうか。

ある日、獨協大学の学生が出身地の新潟にいて、You Tubeの授業を受けていると言ってきて、「そうか、オンラインだからどこでも授業を受けられるのだ」と今更ながら驚いた次第です。

この本を出版しようと思いついたのは、本もオンライン授業と同じく、どこにいても読むことができるからです。とくに今回は12回分の授業を初めて書き言葉の文章にして14回分の授業として残したので、ぜひ法政大学の受講生以外の方にも読んでほしいと考えました。

この授業の異色なところは、新聞記者として30年にわたる取材経験を反映していることです。時代はめまぐるしく変化します。記者は、その時々の出来事を報道する一方、本来あるべき姿との距離感を測りながら、論評する記事も書いています。

とくに軍事は政治の延長線上にあるので、首相や与党の意向はたちまち防衛政策に反映され、自衛隊のあり方は目まぐるしく変化していくのです。

やはり、最大の影響力を持つのは首相です。安倍首相は連続在職日数が自身の大叔父で沖縄返還を実現した佐藤栄作氏の2798日を超えて憲政史上最長となりました。この間、日本はどうなったでしょうか。日銀が上場投資信託[*1]（ETF）を買い占め、また年金積立金管理運用独立行政法人[*2]（GPIF）が買い続ける「官製相場」が支えるアベノミクスはみなさんを豊かにしましたか。中国との関係はぎくしゃくし、韓国との関係は戦後最悪。北方領土はロシアから戻らず、北朝鮮による拉致問題は解決のメドさえたっていません。

安倍首相は2020年8月28日突然、辞意を表明し、9月16日に総辞職して官房長官だった菅義偉氏が首相になりました。菅氏は「安倍路線の継承」を公言しているので、自衛隊に敵基地攻撃能力の保有をさせることになりそうです。安倍氏が進めた憲法改正なき

＊1　日経平均株価やTOPIX（東証株価指数）、NYダウなどの指数に連動するように運用されている投資信託（投資家から集めたお金をひとつの大きな資金としてまとめ、運用の専門家が株式や債券などに投資・運用する商品）の一種。

＊2　日本の公的年金のうち、厚生年金と国民年金の積立金の管理・運用を行う厚生労働省所管の独立行政法人。

「自衛隊の軍隊化」が、さらに実現へと近づくのではないでしょうか。

自分たちの国は自分たちで守る。これは当たり前のことです。そして国の安全は、政治、外交、経済、文化、人との交流といった複合的な組み合わせのうえに成り立ちます。軍事力に極端に傾斜した考え方では、私たちの安全を守ることはできません。

この本が今、自衛隊で起きていること、将来、わたしたちにも起こるかもしれないことを知るための参考書となったのであれば、筆者冥利に尽きるというものです。

2021年3月好日

半田 滋

安倍（菅）政権下での主な出来事

2012年
12月　第2次安倍政権が発足

2013年
2月　アベノミクス発表
7月　参院選で自公が勝利。衆参のねじれ解消
9月　IOC総会で東京五輪が決定
12月　国家安全保障会議が発足、特定秘密保護法が成立
安倍首相が靖国神社を参拝
13防衛計画の大綱、中期防衛力整備計画を閣議決定

2014年
4月　消費税を5％から8％に引き上げ
防衛装備移転3原則を閣議決定（武器輸出が可能に）
原発を重要なベースロード電源としてエネルギー基本計画を閣議決定
5月　内閣人事局を設置
7月　集団的自衛権の行使容認を閣議決定
12月　消費税先送りを問うた衆院選で自公が圧勝。3分の2超を確保

2015年
4月　「日米防衛協力のための指針」改定（地球規模で自衛隊が米軍と共同行動）

5月　安全保障関連法案を閣議決定
9月　自民党総裁に無投票で再選
　　　安全保障関連法が成立

2016年
1月　マイナンバー制度始まる
3月　安全保障関連法を施行
7月　参院選で自公が圧勝。3分の2超を確保
11月　南スーダンPKOで「駆け付け警護」の任務付与を閣議決定

2017年
2月　森友学園問題が表面化
3月　南スーダンPKOからの撤収を命令
　　　加計学園問題が表面化
5月　初めて海上自衛隊の護衛艦が米艦艇を防護
6月　「共謀罪」法が成立
7月　国連で核兵器禁止条約が可決。日本は反対票
10月　消費税の使途変更を問う衆院選で自公が圧勝。3分の2超を確保
12月　イージス・アショア導入を閣議決定

2018年
7月　カジノ法案が成立
9月　自民党総裁に3選

12月　沖縄の辺野古新基地の建設で土砂投入開始
　　　18防衛計画の大綱、中期防衛力整備計画を閣議決定

2019年

7月　参院選で自公が勝利。改憲勢力で3分の2届かず
10月　消費税を8％から10％に引き上げ
11月　首相主催の「桜を見る会」の問題が国会で追及

2020年

3月　新型コロナウイルス感染拡大で東京五輪・パラリンピックの1年延期を決定
4月　新型コロナで緊急事態宣言を初めて発出
6月　イージス・アショアの配備断念を決定
8月　安倍首相が体調不良を理由に首相退任を表明
9月　安倍氏が首相を退任、菅義偉官房長官が首相に
12月　イージス・システム搭載艦2隻の建造とスタンド・オフ・ミサイルの開発を閣議決定

2021年

1月　核兵器禁止条約が発効

参考文献

『令和元年版 防衛白書』防衛省
『令和2年版 防衛白書』防衛省
『中国安全保障レポート２０１６』防衛省防衛研究所
『Military and Security Developments Involving the Democratic People's Republic of Korea 2017』United States Department of Defense
『安保法制下で進む！ 先制攻撃できる自衛隊——新防衛大綱・中期防がもたらすもの』半田滋
『検証 自衛隊・南スーダンＰＫＯ——融解するシビリアン・コントロール』半田滋
『「北朝鮮の脅威」のカラクリ——変質する日本の安保政策』半田滋
『防衛融解——指針なき日本の安全保障』半田滋
『「戦地」派遣——変わる自衛隊』半田滋
『自衛隊vs.北朝鮮』半田滋

半田　滋（はんだ・しげる）

1955（昭和30）年栃木県宇都宮市生まれ。防衛ジャーナリスト。獨協大学非常勤講師、法政大学兼任講師。下野新聞社を経て、91年中日新聞社入社。東京新聞編集局社会部記者を経て、2007年8月より編集委員。11年1月より論説委員兼務。20年3月中日新聞社退職。1993年防衛庁防衛研究所特別課程修了。92年より防衛庁取材を担当し、米国、ロシア、韓国、カンボジア、イラクなど海外取材の経験豊富。防衛政策や自衛隊、米軍の活動について、新聞や月刊誌に論考を多数発表している。04年中国が東シナ海の日中中間線付近に建設を開始した春暁ガス田群をスクープした。

07年、東京新聞・中日新聞連載の「新防人考」で第13回平和・協同ジャーナリスト基金賞（大賞）を受賞。著書に、『日本は戦争をするのか――集団的自衛権と自衛隊』（岩波新書）、『集団的自衛権のトリックと安倍改憲』（高文研）、『改憲と国防――混迷する安全保障のゆくえ』（共著、旬報社）、『防衛融解――指針なき日本の安全保障』（旬報社）、『「戦地」派遣――変わる自衛隊』（岩波新書）＝09年度日本ジャーナリスト会議（JCJ）賞受賞、『自衛隊vs.北朝鮮』（新潮新書）、『闘えない軍隊――肥大する自衛隊の苦悶』（講談社＋α新書）、などがある。

変貌する日本の安全保障

2021年4月2日　初版第1刷発行

著　者　半田　滋
発行者　小俣一平
発行所　弓　立　社

〒101-0064　東京都千代田区神田猿楽町2-4-11-905
tel. 03（6268）9420　fax. 03（6268）9421

装幀／隆 太郎
印刷・製本／中央精版印刷　組版／フレックスアート

ISBN978-4-89667-990-8